Kointegration und Fehlerkorrekturmodelle

Wirtschaftswissenschaftliche Beiträge

Band 1
Christof Aignesberger
**Die Innovationsbörse als Instrument
zur Risikokapitalversorgung
innovativer mittelständischer
Unternehmen**
1987. 326 Seiten. Brosch. DM 69,-
ISBN 3-7908-0384-7

Band 2
Ulrike Neuerburg
Werbung im Privatfernsehen
– Selektionsmöglichkeiten des
privaten Fernsehens im Rahmen der
betrieblichen Kommunikations-
strategie –
1988. 302 Seiten. Brosch. DM 69,-
ISBN 3-7908-0391-X

Band 3
Joachim Peters
**Entwicklungsländerorientierte
Internationalisierung von
Industrieunternehmen**
– Eine theoretische und empirische
Analyse des Entscheidungsverhaltens
am Beispiel der deutschen
elektronischen Industrie –
1988. 165 Seiten. Brosch. DM 49,-
ISBN 3-7908-0397-9

Band 4
Günther Chaloupek
Joachim Lamel und Josef Richter (Hrsg.)
**Bevölkerungsrückgang und
Wirtschaft**
– Szenarien bis 2051 für
Österreich –
1988. 478 Seiten. Brosch. DM 98,-
ISBN 3-7908-0400-2

Band 5
Paul J. J. Welfens und
Leszek Balcerowicz (Hrsg.)
**Innovationsdynamik im
Systemvergleich**
– Theorie und Praxis unter-
nehmerischer, gesamtwirtschaft-
licher und politischer Neuerung –
1988. 466 Seiten. Brosch. DM 90,-
ISBN 3-7908-0402-9

Band 6
Klaus Fischer
Oligopolistische Marktprozesse
– Einsatz verschiedener Preis-Mengen-
Strategien unter Berücksichtigung von
Nachfrageträgheit –
1988. 169 Seiten. Brosch. DM 55,-
ISBN 3-7908-0403-7

Band 7
Michael Laker
**Das Mehrproduktunternehmen in einer
sich ändernden unsicheren Umwelt**
1988. 209 Seiten. Brosch. DM 58,-
ISBN 3-7908-0413-4

Band 8
Irmela von Bülow
**Systemgrenzen im Management
von Institutionen**
– Der Beitrag der Weichen System-
methodik zum Problembearbeiten –
1989. 278 Seiten. Brosch. DM 69,-
ISBN 3-7908-0416-9

Band 9
Heinz Neubauer
**Lebenswegorientierte Planung
technischer Systeme**
1989. 183 Seiten. Brosch. DM 55,-
ISBN 3-7908-0422-3

Band 10
Peter Michael Sälter
**Externe Effekte: „Marktversagen"
oder Systemmerkmal?**
1989. 196 Seiten. Brosch. DM 59,-
ISBN 3-7908-0423-1

Band 11
Peter Ockenfels
**Informationsbeschaffung auf
homogenen Oligopolmärkten**
– Eine spieltheoretische Analyse –
1989. 163 Seiten. Brosch. DM 58,-
ISBN 3-7908-0424-X

Band 12
Olaf Jacob
**Aufgabenintegrierte
Büroinformationssysteme**
– Allgemeines Datenmodell und
Probleme der Realisierung –
1989. 177 Seiten. Brosch. DM 55,-
ISBN 3-7908-0430-4

Band 13
Johann Walter
**Innovationsorientierte
Umweltpolitik bei komplexen
Umweltproblemen**
1989. 208 Seiten. Brosch. DM 59,-
ISBN 3-7908-0433-9

Band 14
Detlev Bonneval
**Kostenoptimale Verfahren in der
statistischen Prozeßkontrolle**
– Eine praxisorientierte
Untersuchung –
1989. 130 Seiten. Brosch. DM 55,-
ISBN 3-7908-0440-1

Thomas Rüdel

Kointegration und Fehlerkorrekturmodelle

Mit einer empirischen Untersuchung zur
Geldnachfrage in der
Bundesrepublik Deutschland

Mit 9 Abbildungen

Physica-Verlag Heidelberg

Reihenherausgeber
Werner A. Müller

Autor
Dr. Thomas Rüdel
Pflegerweg 2
D-7800 Freiburg

ISBN-13: 978-3-7908-0441-6

CIP-Titelaufnahme der Deutschen Bibliothek

Rüdel, Thomas:
Kointegration und Fehlerkorrekturmodelle mit einer
empirischen Untersuchung zur Geldnachfrage in der
Bundesrepublik Deutschland / Thomas Rüdel. – Heidelberg:
Physica-Verl., 1989
(Wirtschaftswissenschaftliche Beiträge; Bd. 15)
Zugl.: Freiburg (Breisgau), Univ., Diss.
ISBN-13: 978-3-7908-0441-6   e-ISBN-13: 978-3-642-99753-2
DOI: 10.1007/978-3-642-99753-2
NE: GT

Vorwort

In den achtziger Jahren hat sich die Erkenntnis durchgesetzt, daß sich ökonomische Zeitreihen in vielerlei Hinsicht fast wie random walks verhalten: die Kumulation von Zufallseinflüssen führt sowohl zu lokalen Trends als auch zu langfristiger Unprognostizierbarkeit vieler Größen, ihre Varianz strebt gegen unendlich. Bei gleichzeitiger Betrachtung mehrerer Größen hingegen fällt auf, daß sie sich trotz ihrer individuellen Nichtstationarität in der Regel ähnlich entwickeln. Variablen, die ein solches Verhalten aufweisen, heißen kointegriert. Für kointegrierte Variablen sind einige neue Schätz– und Testverfahren entwickelt worden, die sich zum Teil erheblich von den in der klassischen Statistik verbreiteten Verfahren unterscheiden. Die wichtigsten Verfahren werden in dieser Arbeit dargestellt, wobei insbesondere ihre Vorzüge und Nachteile herausgestellt werden.

Die Umsetzung volkswirtschaftlicher Theorien in empirische Modelle, die zu Analysen und Prognosen eingesetzt werden können, ist ein komplexer und faszinierender Prozeß. Ständig ergeben sich Anregungen von zwei Seiten: Theorien liefern neue Einsichten in bisher unverstandene Phänomene, und die wirtschaftliche Realität produziert ununterbrochen neue Daten und erklärungsbedürftige Erscheinungen. Ökonometrische Modelle müssen flexibel genug sein, um beiden gerecht werden zu können. Fehlerkorrekturmodelle als ökonometrische Modellform sind Ende der siebziger Jahre gezielt mit diesem Anspruch entwickelt worden.

C. W. J Granger hat in einem wichtigen Theorem gezeigt, daß kointegrierte Variablen stets von Fehlerkorrekturmodellen erzeugt werden. Damit ist eine wichtige Verbindung zwischen rein zeitreihenanalytischen Überlegungen und der klassischen Ökonometrie geschaffen worden, die eine ihrer Hauptaufgaben in der Schätzung der Parameter von aus der ökonomischen Theorie vorgegebenen Modellen sieht. Eines der Anliegen dieser Arbeit besteht darin, diese Verbindung zu fördern und zu festigen.

Neben den methodischen Darstellungen in den ersten Kapiteln stellt die empirische Anwendung der behandelten Verfahren auf die Schätzung der Geldnachfragefunktion in der Bundesrepublik einen zweiten, ebenso wichtigen Schwerpunkt der Arbeit dar. Die Frage nach der Stabilität der Geldnachfragefunktion hat in den vergangenen 15 Jahren einen breiten Raum in der wissenschaftlichen Diskussion eingenommen. Während diese Frage in den siebziger Jahren typischerweise verneint wurde, hat sich, vornehmlich infolge verfeinerter Analysemethoden, das Blatt in der Zwischenzeit eher zugunsten der Stabilitätsannahme gewendet. Die hier vorgestellten Ergebnisse unterstützen diese Trendwende. Insofern hofft der Verfasser, daß dieses Buch nicht nur für Ökonometriker, sondern ebenso für eher wirtschaftstheoretisch interessierte Ökonomen von Interesse ist.

Den Abschluß der Arbeit bildet eine Simulationsstudie, mit der Prognoseeigenschaften von Fehlerkorrekturmodellen — bei Verwendung verschiedener Schätzverfahren — mit denen anderer Modellformen verglichen werden.

Zu großem Dank bin ich meinem Doktorvater, Herrn Prof. Dr. Dietrich Lüdeke, für seine fachliche und moralische Unterstützung sowie für die Bereitstellung einer forschungsorientierten Arbeitsatmosphäre verpflichtet. Für zahlreiche fruchtbare Diskussionen und Anregungen möchte ich meinem Kollegen Wolfgang Hummel sowie Herrn Priv. Doz. Dr. Wulfheinrich v. Natzmer danken.

Freiburg, im Mai 1989   Thomas Rüdel

INHALTSVERZEICHNIS

"The formulation of an econometric model is an art, just as using knowledge of architecture to design a building is an art."

Gregory C. Chow

Kapitel 1 Einleitung

Traditionelle Lehrbücher der Ökonometrie legen das Schwergewicht ihrer Darstellung auf die schätztheoretischen Aspekte des Fachs. Als Hauptaufgabe der Ökonometrie erscheint es, die Parameter eines vorgegebenen, aus der ökonomischen Theorie übernommenen Modells in optimaler Weise zu schätzen. Die Ökonometrie ist in dieser Sichtweise eine methodische Hilfswissenschaft der Ökonomie. Der theoretisch arbeitende Ökonom entwirft Theorien und Modelle und übergibt sie alsdann an den Ökonometriker zur Überprüfung und Quantifizierung.

In der Praxis ist die Beziehung zwischen ökonomischen Theorien und ökonometrischen Modellen sehr viel komplizierter. In der Regel liegen ökonomische Theorien nur in der Form statischer Gleichgewichtsbeziehungen vor, die sich nicht unmittelbar zur Erklärung von in der Realität beobachteten Zusammenhängen zwischen ökonomischen Zeitreihen eignen. Die Theorie vernachlässigt dynamische Anpassungsprozesse, ist i.d.R. unspezifisch in Bezug auf die funktionale Form des Zusammenhangs zwischen Variablen und setzt zudem die Gültigkeit einer ceteris–paribus–Klausel voraus, die in der Realität selten erfüllt ist. Der praktisch arbeitende Ökonometriker ist gezwungen, all diese Lücken zu füllen. Nur wenn ihm dies gelingt, kann er hoffen, daß seine Modelle zur quantitativen Erklärung der Wirklichkeit beitragen, das heißt, Aussagen über beobachtete ökonomische Zeitreihen zulassen. Die Umsetzung einer aus der Theorie übernommenen Gleichgewichtsbeziehung in ein Modell, daß zur Erklärung, Analyse und Prognose realer Zeitreihen verwendet werden kann, stellt faktisch wohl die Hauptarbeit des Ökonometrikers dar. Diese Tätigkeit steht in scharfem Gegensatz zu der oben skizzierten Lehrbuchdarstellung der Ökonometrie, die von gegebenen theoretischen Modellen ausgeht und es als Hauptaufgabe der Ökonometrie erscheinen läßt, die Parameter dieser Modelle zu schätzen und eventuell Hypothesen über die Parameter zu testen. Diese Aussagen können in dem Satz zusammengefaßt werden, daß die Hauptaufgabe der Ökonometrie *nicht in der Schätzung von Parametern, sondern in der Konstruktion von Modellen liegt.*[1]

Die dem Modell ursprünglich zugrundeliegende Theorie tritt in der Phase des Modellbaus oft in den Hintergrund oder muß erheblichen Modifikationen unterworfen werden. Deshalb haben viele, die sich mit der Analyse ökonomischer Zeitreihen beschäftigen, daraus den Schluß gezogen, daß es unter Umständen besser ist, von vornherein auf die Umsetzung einer Theorie zu verzichten und das gesuchte Modell allein von den Daten bestimmen zu lassen. Verfechter der klassischen Ökonometrie hingegen verzichten teilweise darauf, die Charakteristika der Daten vollständig zu erklären, um die Aussagen der Theorie soweit als möglich zu erhalten. Diese unterschiedliche Orientierung hat zu der eigentlich überflüssigen und bedauerlichen Spaltung in "Zeitreihenanalytiker" und "Ökonometriker" geführt, die oft tatsächlich unterschiedliche Gruppen von Personen darstellen. Die Spaltung ist bedauerlich, weil es sicherlich nützlich wäre, die spezifischen Methoden beider Gruppen zu verbinden. Auf der einen Seite führt eine reine Zeitreihenanalyse ohne Berücksichtigung aus der ökonomischen Theorie stammender Zusammenhänge und Restriktionen u.U. zu ineffizienten Parameterschätzungen. Zudem kann eine ökonomische Theorie eine wertvolle Hilfe bei der Auswahl unter mehreren mit den Daten verträglichen Modellen darstellen. Auf der anderen Seite ist ein Modell nicht vollständig, wenn es bestimmte beobachtete Charakteristika von Zeitreihen nicht zu erklären vermag. Die Nichtberücksichtigung der spezifischen temporalen Eigenheiten und Abhängigkeiten eines Datensatzes führt ebenfalls zu ineffizienten Parameterschätzungen. Eine vernünftige Forschungsstrategie besteht daher darin, Methoden der "klassischen" Ökonometrie und der Zeitreihenanalyse in verstärktem Maße zu integrieren und einander ergänzen zu lassen.

Seit einigen Jahren hat in der Tat eine zunehmende Annäherung beider Lager stattgefunden. Auch das Thema dieser Arbeit, "Kointegration und Fehlerkorrek-

---

[1]Die Neuorientierung der Ökonometrie mit der zunehmenden Betonung des Modellierungsaspektes ist vornehmlich von der englischen Schule ausgegangen. Vgl. dazu die Einleitung der Herausgeber in Hendry und Wallis (1984).

turmodelle", ist ein Beispiel für die Kombination zeitreihenanalytischer und ökonometrischer Ansätze. Der erste Begriff, "Kointegration", ist rein zeitreihenanalytischer Natur, er könnte ohne jede Referenz zu ökonomischen Theorien diskutiert werden, nicht jedoch ohne Referenz zu vektorautoregressiven Prozessen. Fehlerkorrekturmodelle hingegen haben ihren Ursprung als Modelle ökonomischen Verhaltens und sind im Rahmen der traditionellen Ökonometrie entwickelt worden. C. W. Granger hat in einem wichtigen Theorem gezeigt, daß beide einander bedingen: Variablen sind dann und nur dann kointegriert, wenn sie durch einen Fehlerkorrekturmechanismus erzeugt werden. Diese Zusammenhänge werden im folgenden Kapitel genauer dargestellt.

Die Arbeit gliedert sich in acht Kapitel. In Kapitel 2 werden zunächst einige grundlegende Definitionen und Erläuterungen gegeben und dann die fundamentalen Darstellungsformen kointegrierter Zeitreihen vorgestellt. Diese bilden einen Referenzpunkt für alle folgenden Kapitel. Kapitel 3 gibt eine Übersicht über verschiedene Formen dynamischer Modelle in der Ökonometrie sowie eine gründliche Analyse der Eigenschaften von Fehlerkorrekturmodellen. Die Kapitel 4 und 5 befassen sich mit verschiedenen Schätz– bzw. Testverfahren für kointegrierte Zeitreihen. Diese unterscheiden sich zum Teil erheblich von den entsprechenden Verfahren aus der klassischen Ökonometrie. Insbesondere wird deutlich werden, daß mit Tests auf Kointegration eine Reihe ungelöster Probleme verbunden sind. Das Kernproblem besteht darin, daß oft nicht zuverlässig entschieden werden kann, ob zwei Zeitreihen kointegriert sind oder nicht. Aus diesem Grunde ist es notwendig, die Konsequenzen einer falschen Entscheidung abzuschätzen. Hierzu dient Kapitel 7. Es enthält ein Simulationsexperiment zur Untersuchung der Prognoseeigenschaften verschiedener Modellformen und Schätzverfahren für kointegrierte und nicht kointegrierte Zeitreihen. Mit diesem Experiment wird eine gewisse quantitiative Abschätzung der Auswirkungen von Fehlspezifikationen (etwa infolge eines falschen Testergebnisses) erzielt. Als Kriterium dient dabei der mittlere quadrierte Prognosefehler über verschiedene Zeithorizonte. Zuvor werden in Kapitel 6 die bis dahin vorgestellten Theorien und Verfahren anhand der Modellierung der Geldnachfrage illustriert. Dieses Kapitel wird für manchen Leser eventuell eine Enttäuschung darstellen. Es ist üblich, in Arbeiten, die sich mit der Darstellung neuer Methoden befassen, Beispiele zu zeigen, in denen diese Methoden uneingeschränkt erfolgreich zur Anwendung gelangen. In der ausschließlichen Präsentation eindrucksvoller Beispiele liegt jedoch die Gefahr, daß der Leser das gezielt im Hinblick auf "Erfolg" ausgewählte Material für repräsentativ hält und die Möglichkeiten der neuen Methode überschätzt. Demgegenüber wurde in dieser Arbeit der Ansatz gewählt, Kointegration und Fehlerkorrekturmodelle anhand eines Beispiels vorzuführen, in dem nicht alles problemlos verläuft. Nicht alle Tests fallen im "gewünschten" Sinne aus und nicht alle Ergebnisse sind vollständig miteinander kompatibel. Auf diese Weise erhält der Leser einen recht realistischen Eindruck von dem, was ihn erwartet, wenn er sich die hier vorgestellten und diskutierten Konzepte selber zunutze machen will. Wenn dennoch hin und wieder einige Passagen in dieser Arbeit mehr einem Plädoyer als einer kritischen Analyse ähneln, so liegt dies daran, daß der Autor von der Tragfähigkeit der dargestellten Konzepte überzeugt ist und dies nicht immer verbergen wollte.

Kapitel 8 schließlich enthält einige Schlußbemerkungen.

Kapitel 2 Grundlagen und Begriffe

1. Integrierte und kointegrierte Zeitreihen

Der Begriff der Kointegration knüpft direkt an eine Erfahrung an, die ein jeder macht, der sich mit der Analyse und Modellierung ökonomischer Zeitreihen beschäftigt. Diese Erfahrung kann am besten anhand eines Beispiels verdeutlicht werden. Die Abbildung 2.1 zeigt die Logarithmen des realen Sozialprodukts (BSP) und der realen umlaufenden Geldmenge (M1), beide deflationiert mit dem Preisindex des Sozialprodukts:

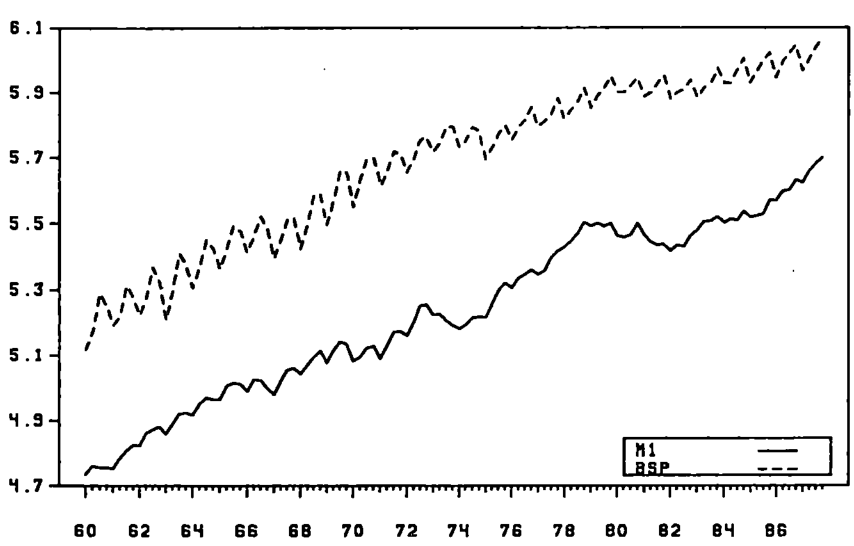

Abbildung 2.1: Log von BSP und M1

Zwei Eigenschaften dieser Zeitreihen fallen auf: 1. Beide Variablen sind nicht stationär, sie weisen einen Trend auf. 2. Trotz dieser individuellen Nichtstationarität scheinen sich die Variablen langfristig nicht auseinander zu entwickeln, sie "trenden" zusammen.[2] Subtrahiert man etwa die Logarithmen beider Größen voneinander, so erhält man eine neue Variable, die durchaus stationär aussieht — zumindest auf den ersten Blick (siehe Abb. 2.2). Diese beiden Eigenschaften sind

---

[2]Das Wort Trend ist hier nicht im Sinne einer deterministischen Entwicklung zu verstehen. Gemeint sind in dieser Arbeit stets stochastische Trends oder "Drifts". Dies wird im folgenden noch deutlich werden.

kennzeichnend für kointegrierte Zeitreihen: Individuell nichtstationäre Variablen entwickeln sich langfristig parallel, so daß eine bestimmte Linearkombination dieser Variablen stationär ist.

<u>Abbildung 2.2: Log(BSP) - Log(M1)</u>

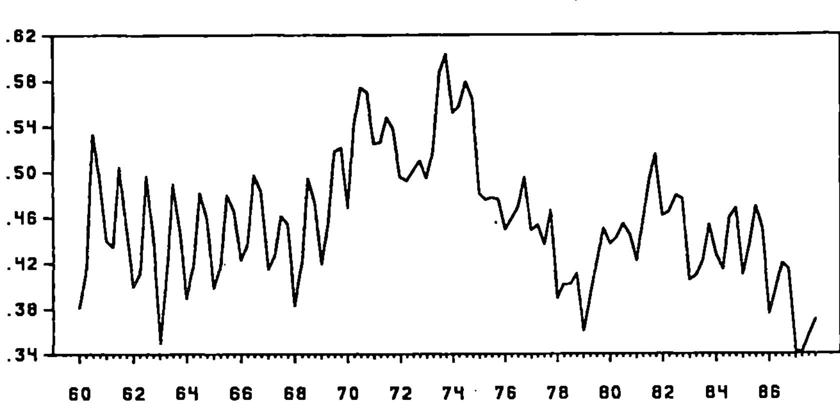

Um diese Vorstellungen zu präzisieren, ist es notwendig, einige Definitionen einzuführen. Box und Jenkins (1970) haben eine Zeitreihe "integriert vom Grade d" genannt, wenn sie nichtstationär ist, aber durch d–fache Differenzenbildung stationarisiert werden kann. Etwas formaler wird dies in Definition 1 zum Ausdruck gebracht:

<u>Definition 1:</u> Eine Zeitreihe x_t heißt "integriert vom Grade d", $x_t \sim I(d)$, wenn ihre d–te Differenz $\Delta^d x_t = (1-L)^d x_t$ eine stationäre, invertierbare ARMA(p,q)-Darstellung hat: (Granger, 1986)

$$w_t \equiv \Delta^d x_t = a_0 - a_1 w_{t-1} - a_2 w_{t-2} - \dots - a_p w_{t-p}$$
$$= \epsilon_t - b_1 \epsilon_{t-1} - b_2 \epsilon_{t-2} - \dots - b_q \epsilon_{t-q}.^3$$

---

[3]Das Symbol Δ steht für den Differenzenoperator, der definiert ist durch $\Delta x_t = x_t - x_{t-1}$. L ist der sogenannte Lagoperator, der eine Zeitreihe "zurückverschiebt": $Lx_t = x_{t-1}$. Operatoren können in vielerlei Hinsicht behandelt werden wie Zahlen. So gilt z.B. $L^k x_t = x_{t-k}$. Wichtig ist, daß auch Operatorpolynome definiert werden können, $A(L) = a_0 + a_1 L + a_1 L^2 + \dots$, die genau wie gewöhnliche Polynome manipuliert werden können.

Das einfachste Beispiel eines integrierten stochastischen Prozesses[4] ist der sogenannte random walk. Er ist definiert durch die Beziehung:

$$(2.1) \qquad x_t = x_{t-1} + \epsilon_t, \qquad\qquad t = 1, 2, \ldots$$

worin ϵ_t die Bedingungen:

$$E\epsilon_t = 0 \quad \text{für alle } t,$$
$$E\epsilon_t{}^2 = \sigma^2 \quad \text{für alle } t,$$
$$E\epsilon_t \epsilon_t{}^* = 0 \quad \text{für alle } t \neq t^*$$

erfüllt. Ein Prozeß mit diesen Eigenschaften heißt "white noise" oder "weißes Rauschen". (2.1) läßt sich auflösen zu:

$$(2.2) \qquad x_t = x_0 + \sum_{j=1}^{t} \epsilon_j .$$

Aus Gleichung (2.2) ist ersichtlich, daß sich ein random walk als Summe ("Integration") vergangener ϵ' s darstellen läßt, also aus der Kumulation reiner Zufallseinflüsse entsteht. Diese Kumulation führt jedoch in vielen Fällen dazu, daß auch ein reiner random walk über längere Zeiträume hinweg so aussieht, als enthielte er einen Trend. Bildet man Erwartungswert und Varianz von x_t (und setzt x_0 der Einfachheit halber gleich Null), so erkennt man die Form der Nichtstationarität eines random walks:

$$Ex_t = 0 \quad \text{für alle } t,$$
$$\text{Var } x_t = t \cdot \sigma^2.$$

Ein random walk hat also einen konstanten Erwartungswert, aber eine im Zeitablauf unbeschränkt wachsende Varianz. Diese spezielle Art der Nichtstatio-

---

[4]Entsprechend der gängigen Praxis in der einschlägigen ökonometrischen Literatur ist die Terminologie an vielen Stellen etwas ungenau. Präziser wäre folgende Unterscheidung: Eine Zeitreihe $\{x_t\}_t \,\epsilon T$ ist eine Realisation eines stochastischen Prozesses $\{X_t\}_t \,\epsilon T$, der als eine Sammlung von Zufallsvariablen auf einer Indexmenge T betrachtet werden kann. Davon zu unterscheiden ist eine einzelne Zufallsvariable X_t sowie ihre Realisation x_t. In der Literatur sowie in dieser Arbeit wird jedoch das Symbol x_t verwendet, um, je nach Kontext, jedes dieser vier Konzepte zu symbolisieren.

narität[5] ist das charakteristische Kennzeichen integrierter Zeitreihen.

Die Differenz eines random walks ist, wie aus Gleichung (2.1) erkennbar, weißes Rauschen und daher stationär. Ein random walk ist also integriert vom Grade Eins, I(1). Eine stationäre Reihe wird auch als integriert vom Grade Null, I(0), bezeichnet.

Das Modell des random walks läßt sich erweitern, indem ein sogenannter "Drift" hinzugefügt wird. (2.1) wird dann zu

$$x_t = x_{t-1} + m + \epsilon_t$$

und (2.2) zu

$$x_t = x_0 + m \cdot t + \sum_{j=1}^{t} \epsilon_j \,.$$

Für Erwartungswert und Varianz ergibt sich:

$$Ex_t = m \cdot t,$$

$$Var\, x_t = t \cdot \sigma^2.$$

Ein random walk mit Drift hat also eine ausgeprägte Trendkomponente, kann sich aber von jeder gegebenen Trendlinie beliebig weit entfernen.

Allgemeiner betrachten wir eine Zeitreihe, die durch einen autoregressiven-moving–average–Prozeß, abgekürzt ARMA(p,q)Prozeß, erzeugt wird:

$$(2.3) \qquad x_t - a_1 x_{t-1} - a_2 x_{t-2} - \ldots - a_p x_{t-p}$$
$$= \epsilon_t - b_1 \epsilon_{t-1} - b_2 \epsilon_{t-2} - \ldots b_q \epsilon_{t-q},$$

---

[5]Stationarität wird hier stets im schwachen Sinne verstanden, d.h. daß Erwartungswert und Varianz einer Variablen im Zeitablauf konstant sind und die Kovarianz zwischen x_t und x_{t-k} nur von k abhängt und nicht von t. Stationarität im strengen Sinne, also identische Verteilung einer Variablen in allen Perioden, kann in der Ökonomie kaum überprüft werden und ist daher praktisch nicht relevant.

worin ϵ_t wiederum weißes Rauschen ist. Unter Verwendung der Lagoperatornotation kann dies geschrieben werden als:

$$(2.4) \qquad (1 - a_1 L - a_2 L^2 - \ldots - a_p L^p) x_t =$$

$$(1 - b_1 L - b_2 L^2 - \ldots - b_q L^q) \epsilon_t$$

bzw.

$$A(L) x_t = B(L) \epsilon_t .$$

Die Operatorpolynome $A(L)$ und $B(L)$ können genau wie gewöhnliche Polynome faktorisiert werden. Man betrachtet dazu die sogenannte charakteristische Gleichung des Polynoms:

$$(2.5) \qquad 1 - a_1 z - a_2 z^2 - \ldots - a_p z^p = 0.$$

Diese Gleichung hat bekanntlich genau p (möglicherweise komplexe) Wurzeln oder Nullstellen μ_i, $i = 1, \ldots, p$, mit deren Hilfe sie in der Form :

$$(2.6) \qquad (z - \mu_1)(z - \mu_2) \ldots (z - \mu_p) = 0$$

geschrieben werden kann. Dies ist äquivalent zu:

$$(2.7) \qquad (1 - \frac{1}{\mu_1} z)(1 - \frac{1}{\mu_2} z) \ldots (1 - \frac{1}{\mu_p} z) = 0.$$

$A(L)$ kann daher in die Form:

$$(2.8) \qquad A(L) = (1 - \lambda_1 L)(1 - \lambda_2 L) \ldots (1 - \lambda_p L)$$

gebracht werden, worin die $\lambda_i = 1/\mu_i$, $i = 1, \ldots, p$ die reziproken Werte der Wurzeln der charakteristischen Gleichung (2.5) sind. Da die Lösung des homogenen Teils der Differenzengleichung (2.3) oder (2.4) von der Form

$$x_t = A_1 \lambda_1^t + A_2 \lambda_2^t + \ldots + A_p \lambda_p^t$$

ist, erkennt man, daß eine notwendige Bedingung für die Stationarität von x_t

darin besteht, daß kein λ_i dem Betrage (Modulus) nach größer als Eins ist.[6] Diese Bedingung wird oft so formuliert, daß die Wurzeln der charakteristischen Gleichung von A(L) außerhalb des Einheitskreises liegen. Liegt eine dieser Wurzeln innerhalb des Einheitskreises, so ergibt sich ein explosiver Verlauf von x_t. Von besonderem Interesse ist der Grenzfall, daß eine oder mehrere dieser Wurzeln genau gleich Eins sind. Unter der Voraussetzung, daß es sich hierbei um genau d Wurzeln handelt, kann (2.4) umgeschrieben werden zu:

$$(2.9) \qquad (1 - \lambda_1 L)(1 - \lambda_2 L)...(1 - \lambda_{p-d} L)(1 - L)^d x_t = B(L)\epsilon_t,$$

oder

$$(2.10) \qquad A^*(L)\Delta^d x_t = B(L)\epsilon_t.$$

$A^*(L)$ in (2.10) bezeichnet das Polynom A(L), aus dem die d Einheitswurzeln herausfaktorisiert worden sind. Gleichung (2.10) ist das allgemeine Modell eines Prozesses, der integriert vom Grade d ist. Die Variable $w_t = \Delta^d x_t = B(L)/(A^*(L))\epsilon_t$ ist ein gewichteter Durchschnitt eines white-noise-Prozesses und somit stationär. Wird x_t hingegen weniger als d mal differenziert, so führt die Divison durch das dann verbleibende Restpolynom $A^{**}(L)$ zu einer unendlichen Aufsummierung ("Integration") vergangener ϵ's mit nicht schrumpfenden Gewichten. Der resultierende Prozeß behielte eine unbeschränkte Varianz.[7]

Die Abbildung 2.3 zeigt Beispiele von Zeitreihen mit unterschiedlichen Integrationsgraden. Die Zeitreihen, die untereinander abgebildet sind, sind jeweils durch Integration oder Differentiation auseinander hervorgegangen. Als Ausgangsreihe ist in der linken Spalte eine Realisation eines reinen white–noise–Prozesses abgebildet. Darunter sind der aus diesem white-noise durch Summierung entstehende random walk und der aus diesem wiederum entstehende I(2)–Prozeß abgebildet. Man beachte, daß sich der random walk über

---

[6]Zur Technik der Lösung von Differenzengleichungen vgl. z.B. Sargent (1979), Kap. IX. Die A_i, i=1,...,p sind Konstante, deren Werte von p vorzugebenden Randbedingungen abhängen.

[7]Wird x_t weniger als d mal differenziert, so enthielte $A^{**}(L)$ noch mindestens einmal den Faktor (1- L). Division durch (1- L) führt aber zur Aufsummierung: $(1- L)^{-1} = 1 + L + L^2 +...$.

$(1- L)^{-1}$ ist daher gleich dem Summenoperator S, definiert durch $Sx_t = \Sigma_{i=0}^{\infty} x_{t-i}$ (vgl. Box und Jenkins, 1970, S. 8).

Abb. 2.3: Zeitreihen mit verschiedenen Integrationsgraden

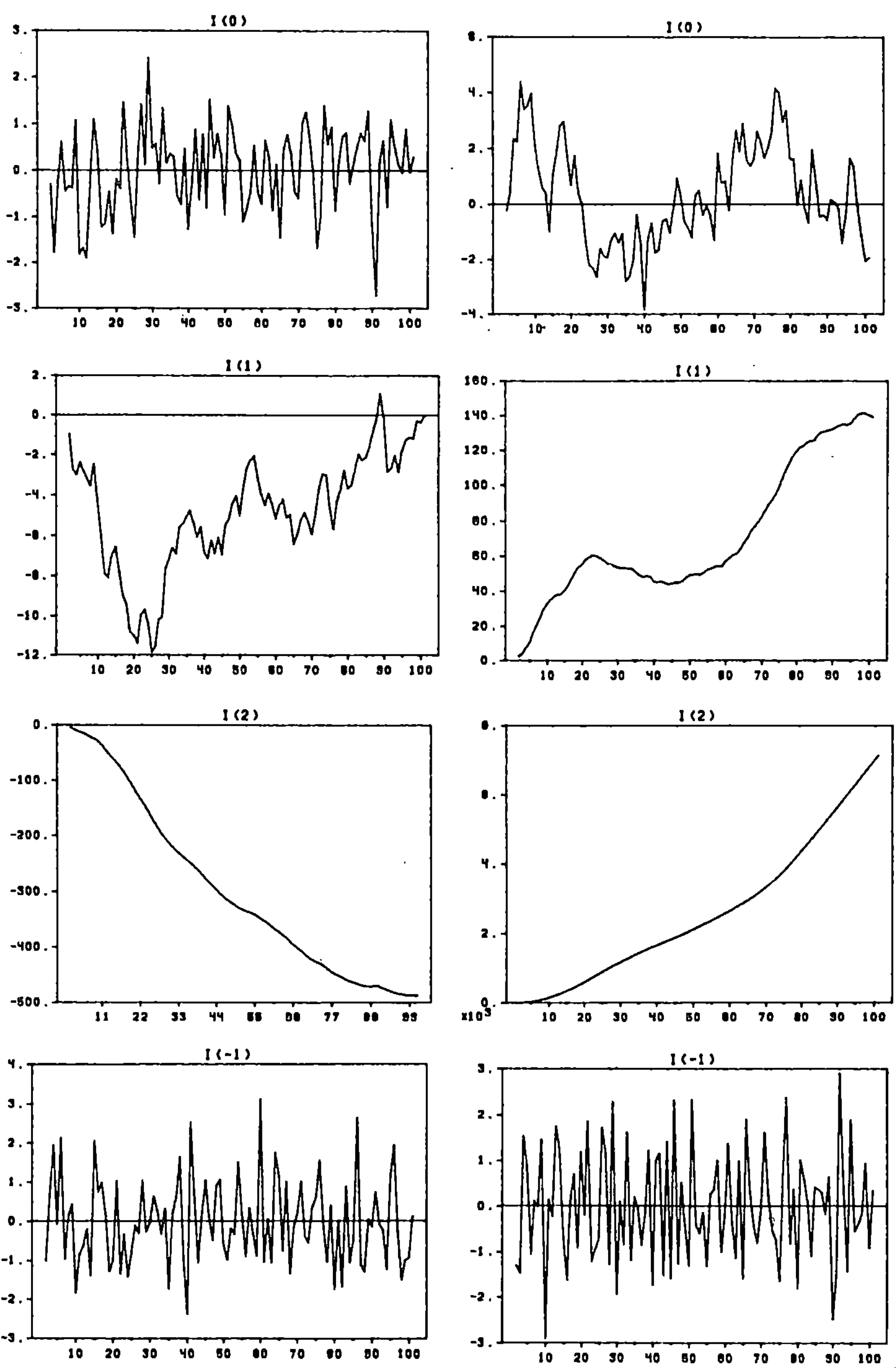

12

etwa 80 Perioden hinweg (von $t = 20$ bis $t = 100$) entwickelt, als enthielte er einen ausgeprägten positiven Trend. An der Spitze der rechten Spalte steht eine Realisation des stationären Prozesses

$$u_t = 0.8u_{t-1} + \epsilon_t, \qquad \epsilon_t \sim i.i.d.N(0,1).$$

Die zweite Abbildung rechts darunter zeigt eine Realisation von

$$x_t = 1 + x_{t-1} + u_t,$$

also einen I(1)–Prozeß mit Drift. Die dritte Abbildung in der rechten Spalte zeigt den durch Summierung von x_t entstehenden I(2)–Prozeß. Die beiden unteren Abbildungen zeigen I(−1)–Prozesse, die durch Differentiation der jeweiligen Ausgangsreihe entstanden sind. Die Abbildungen veranschaulichen, wie Differentiation und Integration den Charakter einer Zeitreihe verändern. Mit zunehmendem Integrationsgrad wird die Reihe glatter, mit abnehmendem Integrationsgrad hingegen erratischer. Schon eine I(2)–Reihe weist kaum noch irreguläre Schwankungen auf. Der optische Eindruck legt nahe, als Kandidaten für die Modellierung ökonomischer Zeitreihen vorwiegend I(1)– oder I(0)–Prozesse zu betrachten. Zwei weitere Beispiele für Zeitreihen, die integriert vom Grade Eins sind und einen Drift aufweisen, sind in Kapitel 7, Abbildung 7.1 dargestellt.

Der Integrationsbegriff läßt sich auch auf vektorielle Zeitreihen anwenden. Dazu geht man von einem ARMA(p,q)–Prozeß für den n–dimensionalen Vektor x_t aus:

$$(2.11) \qquad x_t - A_1 x_{t-1} - A_2 x_{t-2} - \ldots - A_p x_{t-p} = $$
$$\epsilon_t - B_1 \epsilon_{t-1} - B_2 \epsilon_{t-2} - \ldots - B_q \epsilon_{t-q}.$$

ϵ_t in (2.11) ist ein vektorieller white–noise–Prozeß und die A_i, $i = 1,\ldots,p$ und B_i, $i = 1,\ldots,q$ sind konforme Matrizen. (2.11) läßt sich wiederum umschreiben zu

$$(2.12) \qquad A(L)x_t = B(L)\epsilon_t,$$

worin $A(L)$ und $B(L)$ nun Matrixpolynome im Lagoperator sind. Die Stabilitätsbedingung wird zu der Forderung, daß die Wurzeln der charakteristischen Gleichung

$$\det(A(z)) = \det(I - A_1 z - A_2 z^2 - \ldots - A_p z^p) = 0$$

außerhalb des Einheitskreises liegen. Sind eine oder mehrere dieser Wurzeln exakt gleich Eins, so ist der vektorielle Prozeß x_t integriert. Allerdings besteht hier keine einfache Beziehung mehr zwischen der Anzahl der Einheitswurzeln und dem Integrationsgrad. Wie man sich überlegen kann, muß die Anzahl der Einheitswurzeln mindestens gleich d sein, wenn alle Komponentenprozesse integriert vom Grade d sind. So könnten in x_t z.B. unkorrelierte random walks zusammengefaßt sein, so daß $\det(A(L)) = (1-L)^n$ wäre, dennoch wäre jeder einzelne Teilprozess lediglich I(1).

Integrierte Zeitreihen weisen also eine ganz spezielle Form der Nichtstationarität auf, die durch sogenannte Einheitswurzeln in ihrer autoregressiven Darstellung verursacht wird. Diese Einheitswurzeln bewirken, daß jede "Innovation" (die ϵ_t's werden manchmal Innovationen genannt, da sie den nicht prognostizierbaren Teil einer Zeitreihe darstellen) unbeschränkt in die Zukunft hinein fortwirkt, ihr Effekt also nie ausstirbt. Integrierte Prozesse haben ein unendliches Gedächtnis. Da die zukünftigen Werte einer integrierten Zeitreihe sich im wesentlichen aus der Kumulation neuer Innovationen ergeben, sind sie langfristig praktisch nicht prognostizierbar. Die Varianz des Prognosefehlers strebt für jede denkbare Prognoseregel gegen unendlich. Dies ist ein fundamentaler Unterschied zu stationären Prozessen, bei denen sich die Varianz des Prognosefehlers (Kenntnis des zugrundeliegenden Prozesses vorausgesetzt) einem Grenzwert annähert. Das "lokale" Verhalten integrierter Prozesse kann hingegen sehr gut analysierbar und prognostizierbar sein. Darin liegt auch der Sinn des Differenzierens einer Zeitreihe; indem Einheitswurzeln beseitigt werden, werden praktisch alle langfristigen, schlecht prognostizierbaren Komponenten herausgefiltert und das Augenmerk kann auf die kurzfristigen, besser prognostizierbaren Komponenten gerichtet werden.

Modelle integrierter Zeitreihen (ARIMA–Modelle) wurden durch die einflußreichen Arbeiten von Box und Jenkins (1970) popularisiert und werden weithin als nützliche univariate Charakterisierungen ökonomischer Variablen akzeptiert. Insbesondere scheinen sie im Vergleich zur klassischen Zerlegung einer Zeitreihe in die deterministischen Komponenten Trend, Konjunktur und Saison sowie eine stochastische "irreguläre" Komponente gut abzuschneiden. Ein ausführlicher

Vergleich dieser beiden Modelltypen findet sich bei Nelson und Plosser (1982).

Zwar können Differenzen integrierter Zeitreihen durchaus miteinander korreliert sein, zwischen ihren Niveauwerten existiert jedoch im allgemeinen mittel- bis langfristig keine stabile Beziehung. Diese Tatsache steht im Gegensatz zu der zu Beginn dieses Kapitels angeführten Erfahrung, daß es oft gerade die Niveauwerte ökonomischer Zeitreihen sind, die in einem engen Zusammenhang stehen. Durch Differenzieren gehen jedoch alle Informationen über solche langfristigen Zusammenhänge verloren. Diese Tatsache mag eine Erklärung dafür sein, daß Ökonomen die Möglichkeit der Differenzierung bisher nur zurückhaltend genutzt haben, trotz der offensichtlichen statistischen Vorteile, die mit einer Stationarisierung verbunden sind.

Die intuitive Vorstellung, daß es trotz individueller Nichtstationarität langfristige, stabile Beziehungen zwischen den Niveauwerten ökonomischer Variablen gibt, wird in dem Begriff der Kointegration zu der Aussage konkretisiert, daß bestimmte lineare Kombinationen dieser Variablen einen niedrigeren Integrationsgrad aufweisen:

<u>Definition 2:</u> Sei x_t ein Vektor, dessen Komponenten alle I(d) sind. Existiert ein Vektor $\lambda \neq 0$, so daß

$$z_t = \lambda' x_t \sim I(d-b),$$

so heißen die Komponenten von x_t kointegriert vom Grade d,b. λ heißt Kointegrationsvektor oder kointegrierender Vektor (Granger und Engle, 1987, S. 254).

Von besonderem Interesse im Rahmen der Ökonomie ist der Fall $x_t \sim I(1)$ und $z_t \sim I(0)$. In diesem Fall ist der Begriff der Kointegration intuitiv besonders ansprechend. Wenn die Gleichung $\lambda' x_t = 0$ zu einem Zeitpunkt exakt erfüllt ist, so kann dies ökonomisch als eine Gleichgewichtssituation aufgefaßt werden. Die Größe z_t stellt daher die Abweichung vom Gleichgewicht dar. Daß diese Abweichung eine stationäre Größe ist, kann als eine Minimalforderung an eine ökonomische Gleichgewichtstheorie verstanden werden. Das Konzept der Kointegration bietet somit einen Begriff des Gleichgewichts zwischen ökonomischen Variablen, der direkt auf Zeitreihen zugeschnitten ist.

Besteht x_t aus zwei Variablen, so existiert höchstens ein kointegrierender Vektor (bis auf einen multiplikativen Faktor). Zwischen n Variablen können jedoch bis zu n−1 unabhängige Gleichgewichtsbeziehungen bestehen und daher bis zu n−1 kointegrierende Vektoren. Werden diese in einer Matrix Λ zusammengefaßt, so gilt die Bedingung $\Lambda' x_t = z_t \sim I(0)$ als Bedingung für Kointegration, wobei z_t nun als Vektor aufzufassen ist, dessen Komponenten alle $I(0)$ sind. Die Anzahl r der kointegrierenden Vektoren heißt Kointegrationsrang von x_t (Granger u. Engle, 1987, ebenda).

2. Verschiedene Darstellungsformen kointegrierter Zeitreihen

Im allgemeinen ist jede Linearkombination nichtstationärer Variablen ebenfalls nichtstationär. Infolgedessen müssen kointegrierte Variablen Besonderheiten aufweisen, die verhindern, daß sie sich zu weit voneinander entfernen. In diesem Abschnitt werden diese Besonderheiten herausgearbeitet und sowohl eine zeitreihenanalytische als auch eine verhaltensmäßige Erklärung des Entstehens von Kointegration gegeben. Die Darstellung beschränkt sich allerdings auf den $I(1)$–Fall.[8]

a) Die autoregressive Darstellung

Für die folgenden Überlegungen sei von einem n–dimensionalen vektorautoregressiven Prozeß ausgegangen:

$$x_t = A_1 x_{t-1} + A_2 x_{t-2} + \ldots + A_p x_{t-p} + \epsilon_t,$$

(2.13) bzw.

$$A(L) x_t = \epsilon_t.$$

x_t in (2.13) ist also ein $n \times 1$–Vektor, die A_i, $i = 1,\ldots,p$ sind $n \times n$–Matrizen und ϵ_t sei als n–dimensionales weißes Rauschen angenommen. Der Prozeß aus Gleichung (2.13) könnte verallgemeinert werden, indem die Verzögerungen unendlich weit in die Vergangenheit zurückreichten oder, alternativ dazu, indem anstelle von ϵ_t ein moving–average angenommen würde. Diese Verallgemeinerungen würden die

---

[8]Johansen (1985) untersucht Verallgemeinerungen auf beliebige Integrations- und Kointegrationsgrade.

folgende Darstellung jedoch in keiner wesentlichen Weise beeinflussen. Daher erscheint es sinnvoll, sich bereits hier auf den Fall zu beschränken, der bei der späteren Diskussion der Schätz- und Testverfahren sowie in den Anwendungen von größter Relevanz ist.

Die Eigenschaften kointegrierter Zeitreihen ergeben sich beinahe von selbst, wenn man versucht, die verschiedenen Voraussetzungen über kointegrierte Zeitreihen miteinander konsistent zu machen. Die erste dieser Voraussetzungen besteht darin, daß $x_t \sim I(1)$ gelten soll. Wie schon im vorigen Abschnitt festgestellt, erfordert dies, daß das Polynom

$$\det(A(z)) = \det(\, I - A_1 z - A_2 z^2 - ... - A_p z^p)$$

eine oder mehrere Nullstellen bei $z = 1$ hat. Dies ist gleichbedeutend mit der Aussage, daß die Matrix $A(1)$ reduzierten Rang hat.[9] Dieses Erfordernis läßt sich besonders leicht einsehen, wenn man Gleichung (2.13) identisch in eine Form überführt, in der Δx_t durch verzögerte Differenzen und verzögerte Niveaugrößen erklärt wird:

$$\begin{aligned}
\Delta x_t = &\ (\, -I + A_1 + A_2 + ... + A_p) x_{t-1} \\
& - (\, A_2 + ... + A_p) \Delta x_{t-1} \\
& - (\, A_3 + ... + A_p) \Delta x_{t-2} \\
& - \cdots \\
& - A_p\, \Delta x_{t-p-1},
\end{aligned}$$

bzw.

$$(2.14) \qquad \Delta x_t = - A(1) x_{t-1} + G_1 \Delta x_{t-1} + G_2 \Delta x_{t-2} + ...$$

$$+ G_{p-1} \Delta x_{t-p-1} + \epsilon_t ,$$

$$\text{mit} \qquad G_i = - \sum_{j=i+1}^{p} A_j , \qquad\qquad i = 1, 2, ..., p-1.$$

Aus $x_t \sim I(1)$ folgt $\Delta x_t \sim I(0)$. Ferner ist annahmegemäß ϵ_t ebenfalls $I(0)$. Hätte $A(1)$ nun vollen Rang, ergäbe sich ein Widerspruch. In diesem Fall könnte (2.14)

---

[9] $A(1)$ ist die Summe der Koeffizientenmatrizen von $A(z)$: $A(1) = I - A_1 - A_2 - ... - A_p$.

durch Multiplikation mit $(A(1))^{-1}$ nach x_{t-1} aufgelöst werden und somit könnte eine I(1)–Variable ausschließlich in Abhängigkeit von (einer endlichen Zahl von) I(0)–Variablen erklärt werden. Gleichung (2.14) ergibt also nur dann einen Sinn, wenn entweder x_t stationär ist oder $rg(A(1)) < n$ gilt.

Diese Betrachtungsweise läßt sich auch umkehren. Da Δx_t annahmegemäß I(0) ist, können alle Ausdrücke der rechten Seite ebenfalls höchstens I(0) sein. Damit bleiben zwei Möglichkeiten. Entweder ist A(1) die Nullmatrix, so daß ein vektorautoregressiver Prozeß in Differenzen vorliegt, oder es gilt $0 < rg(A(1)) = r < n$. In diesem Falle muß $A(1)x_{t-1}$ stationär sein und die Komponenten von x_t somit kointegriert mit Kointegrationsrang r.

Mit diesen Überlegungen hat sich bereits eine wichtige Eigenschaft kointegrierter Zeitreihen herauskristallisiert:

<u>Eigenschaft 1:</u>   Die Komponenten eines Vektors sind dann und nur dann kointegriert mit Kointegrationsrang r, wenn in der autoregressiven Darstellung (2.13) die Matrix A(1) den Rang r hat.

b) Das Fehlerkorrekturmodell

Es sei nun vorausgesetzt, daß die Komponenten von x_t kointegriert sind und daß A(1) den Rang r hat. Dann ist es immer möglich, A(1) als Produkt zweier n×r–Matrizen Γ und Λ auszudrücken, die ebenfalls den Rang r besitzen:

$$A(1) = \Gamma \Lambda'.$$

Diese Zerlegung ermöglicht eine interessante verhaltensmäßige Interpretation des Phänomens Kointegration. In der Matrix Λ sind die Kointegrationsvektoren zusammengefaßt, so daß $\Lambda'x_{t-1} \equiv z_{t-1}$ den Vektor der Gleichgewichtsabweichungen darstellt. Formuliert man (2.14) entsprechend um:

$$(2.15) \qquad \Delta x_t = -\Gamma z_{t-1} + G_1 \Delta x_{t-1} + \dots + G_{p-1} \Delta x_{t-p-1} + \epsilon_t ,$$

so erkennt man, daß die Gleichgewichtsabweichungen oder "Fehler" einer Periode jeweils in der Folgeperiode die Änderung der erklärten Variablen beeinflussen, also in einem bestimmten Ausmaß korrigiert werden. Die Matrix Γ enthält die Koeffizienten, mit denen die Korrektur erfolgt. Gleichungen der Form (2.15) nennt man "Fehlerkorrekturmodelle" (error–correction–Modelle), wobei der Begriff "Fehler" für die Gleichgewichtsabweichungen z_{t-1} gebraucht wird. Die Koeffizienten der Matrix Γ heißen Fehlerkorrekturparameter. Die Existenz eines Fehlerkorrekturmodells für kointegrierte Zeitreihen sei hier als Eigenschaft 2 herausgehoben:

<u>Eigenschaft 2:</u>   Die Komponenten eines Vektors x_t sind dann und nur dann kointegriert, wenn sie durch ein Fehlerkorrekturmodell von der Form (2.15) erzeugt werden.

Die Gültigkeit von Eigenschaft 2 wurde zuerst von Granger (1983) bewiesen. Fehlerkorrekturmodelle wurden von Sargan (1964) in die Literatur eingeführt. Große Bedeutung erlangten sie jedoch erst gegen Ende der siebziger Jahre durch eine Reihe von Arbeiten, an denen D. Hendry beteiligt war (Davidson u.a., 1978; Hendry u. v.Ungern–Sternberg, 1981, Hendry u. Mizon, 1978). Wie im folgenden Kapitel noch zu zeigen sein wird, stellen Fehlerkorrekturmodelle in vielerlei Hinsicht eine attraktive und plausible Modellform in der Ökonometrie dar. Ihre Popularität erlangten sie jedoch, bevor der Begriff der Kointegration überhaupt erfunden war. Dies ist ein Beispiel für das Voranschreiten der Praxis vor der Theorie. Die Eigenschaft 2 zeigt, daß Fehlerkorrekturmodelle und Kointegration untrennbar miteinander verknüpft sind und erstere dadurch zu einem Modelltyp sui generis werden. Aufgrund dieser Tatsache und wegen der großen Bedeutung dieser Modellform für die dynamische Modellierung werden Aufbau und Eigenschaften von Fehlerkorrekturmodellen in einem eigenen Kapitel (Kapitel 3) untersucht.

Die Zerlegung von $A(1)$ in Γ und Λ' ist nicht eindeutig. Um sie eindeutig zu machen, müssen zuvor bestimmte Vereinbarungen für die Elemente von Λ getroffen werden. Eine hinreichende Festlegung bestünde z.B. darin, alle Hauptdiagonalelemente auf Eins zu normieren. Die Variable, die den Koeffizienten Eins hat, wäre dann gewissermaßen die abhängige Variable einer Gleichung

$$x_{i\,t} = \lambda_{i\,1}x_{1t} + \ldots + \lambda_{i,i-1}x_{i-1,t} + \lambda_{i,i+1}x_{i+1,t}$$
$$+ \ldots + \lambda_{in}x_{nt} + z_{i\,t},$$

die einer ökonomischen Theorie entstammen könnte. Allgemeiner sind r linear unabhängige Restriktionen notwendig, um Λ und damit Γ eindeutig festzulegen.[10]

c) Die moving–average–Darstellung

Diese Darstellung erhält man, indem man in

$$(2.13) \qquad A(L)x_t = \epsilon_t$$

das Polynom $A(L)$ invertiert. Diese Inversion ist allerdings problematisch, da sie nicht bei allen Werten von L zulässig ist ($A(1)$ ist ja singulär). Man kann sich jedoch behelfen, indem man (2.13) zunächst mit der adjungierten Matrix $\overline{A}(L)$ multipliziert. Das Produkt einer Matrix mit ihrer Adjunkten ergibt die Determinante, so daß (2.13) zu

$$\det(A(L))x_t = \overline{A}(L)\epsilon_t$$

wird. $\mathrm{Det}(A(L))$ kann nun in n Faktoren der Form $(1 - \lambda_j L)$ zerlegt werden, wobei n–r der λ_j gleich Eins sind. Da die Adjunkte aus Determinanten der Ordnung n–1 besteht, können aus ihr n–r–1 Faktoren der Form (1–L) herausfaktorisiert werden. Diese Faktoren kürzen sich weg und als moving-average-Darstellung erhält man nach Division durch die Restdeterminante:[11]

$$(2.16) \qquad (1{-}L)x_t = \Delta x_t = C(L)\epsilon_t,$$

worin $C(L)$ sich als Quotient von $\overline{A}(L)$ und $\det(A(L))$ nach vorheriger Division durch die angegebenen Potenzen von (1–L) ergibt. Gleichung (2.16) hätte natürlich ebensogut als Definition des Prozesses gewählt werden können, da sich nach dem Woldschen Zerlegungstheorem (Wold, 1938) jeder stationäre stocha-

---

[10]Johansen (1987) drückt dies so aus, daß eine Basis des Kointegrationsraumes festgelegt werden müsse.

[11]Für eine exakte Beweisführung siehe Johansen (1987) sowie Granger u. Engle (1987, S. 256f.).

stische Prozeß als gewogene Summe eines white–noise Prozesses darstellen läßt. Der white-noise-Prozeß ϵ_t kann daher als fundamentaler "Baustein" aller stationären stochastischen Prozesse angesehen werden. Schreibt man nun

$$C(L) = C_0 + C_1 L + C_2 L^2 + \ldots = C_0 + C_1 + C_2 + \ldots$$

(2.17)
$$+ (1{-}L)(- C_1 - C_2 - C_2 L - C_3 - C_3 L - C_3 L^2 - \ldots)$$

$$= C(1) + (1{-}L)C^*(L),$$

und multipliziert (2.16) mit Λ', so ergibt sich wegen $\Lambda'x_t = z_t$:

(2.18)
$$(1{-}L)z_t = (\Lambda'C(1) + (1{-}L)\Lambda'C^*(L))\epsilon_t.$$

z_t ist jedoch annahmegemäß stationär. Diese Annahme kann nur erfüllt sein, wenn $\Lambda'C(1) = 0$ ist, da sich nur dann der Faktor $(1{-}L)$ aus beiden Seiten der Gleichung herauskürzt. Die Matrix $C(1)$ hat also höchstens den Rang $n{-}r$. Ferner muß $\Lambda'C^*(L)$ invertierbar sein und daher $\Lambda'C^*(1) \neq 0$. Somit hat sich eine weitere Eigenschaft kointegrierter Zeitreihen herauskristallisiert:

<u>Eigenschaft 3:</u> Die Komponenten des Vektors x_t sind dann und nur dann kointegriert mit Kointegrationsrang r, wenn in der moving–average–Darstellung (2.16) die Matrix $C(1)$ den Rang $n{-}r$ hat.

Alle Vektoren, die in dem r–dimensionalen Unterraum des $\mathbb{R}^n$ liegen, der den Nullraum der Matrix $C(1)$ bildet (d.h. alle Vektoren λ, für die gilt $\lambda'C(1) = 0$), sind Kointegrationsvektoren.

Die moving–average–Darstellung ist eher von theoretischem Interesse. Sie läßt sich jedoch noch einmal umformen in eine vierte Darstellungsweise, die neue Einsichten in die Natur der Kointegration vermittelt.

d) Die "Gemeinsame–Trends"–Darstellung

Stock und Watson (1987) entwickelten diese Darstellungsform, die in gewisser Weise die "Ursache" von Kointegration deutlich macht. Betrachtet man noch einmal Gleichung (2.16) und löst nach x_t auf, wobei x_0 als gegeben und $\epsilon_{-i} = 0$ für $i = 0, 1, \ldots$ angenommen sei, so erhält man (vgl. Engle, 1987):

$$x_t = x_0 + (1 + L + L^2 + \ldots + L^{t-1})[C(1) + (1-L)C^*(L)]\epsilon_t$$

(2.19)

$$= x_0 + C(1)(1 + L + \ldots + L^{t-1})\epsilon_t + C^*(L)\epsilon_t.$$

Da $C(1)$ den Rang $n-r$ hat, kann sie als Produkt zweier Matrizen, einer $n\times(n-r)$–Matrix K und einer $(n-r)\times n$–Matrix J ausgedrückt werden: $C(1) = K\cdot J$. Der Ausdruck $(1 + L + \ldots + L^{t-1})J\epsilon_t$ ist aber nichts anderes als ein $(n-r)$–dimensionaler random walk:

$$\tau_t = \tau_{t-1} + \eta_t = (1 + L + \ldots + L^{t-1})\eta_t,$$

mit $\eta_t = J\epsilon_t$ und $\tau_0 = 0$. (2.19) kann daher überführt werden in die Schreibweise:

(2.20) $\qquad x_t = x_0 + K\tau_t + C^*(L)\epsilon_t.$

Diese Schreibweise macht deutlich, daß die n Variablen x_i, $i = 1, \ldots, n$, von $n-r$ gemeinsamen Faktoren bestimmt werden, die random–walk–artigen Charakter haben. Diese Faktoren könnten in ökonomischer Interpretation kumulierte Produktivitäts-, Stimmungs-, Politik- oder Nachfrageschocks sein, die auf eine größere Anzahl ökonomischer Variablen wirken (Stock und Watson, 1987). Die τ_t's wurden von Stock und Watson "gemeinsame Trends" ("common trends") genannt, da sich random walks lokal wie Trends verhalten können.

e) Ein Beispiel

Um die verschiedenen Darstellungsformen zu verdeutlichen, seien sie nun an einem Beispiel illustriert. In der jüngeren theoretischen Diskussion hat die Hallsche These, daß der makroökonomische Konsum ein random walk ist (Hall, 1978), einen breiten Raum eingenommen. Hier sei lediglich davon ausgegangen, daß der Konsum C und das Einkommen Y kointegriert sind mit Kointegrationsvektor $(1, -c)$. Wir setzen also $x_t = (C_t \ Y_t)'$, $\lambda = (1, -c)'$. Das Einkommen folge der Einfachheit halber einem random walk. Das Beispielmodell ist damit gegeben durch:

$$(2.21) \qquad C_t = cY_t + z_t,$$

$$(2.22) \qquad Y_t = Y_{t-1} + \eta_{2t}.$$

Von der Gleichgewichtsabweichung z_t sei angenommen, daß sie einem stationären autoregressiven Prozeß 1. Ordnung folgt:

$$z_t = \rho z_{t-1} + \eta_{1t}, \qquad\qquad |\rho| < 1.$$

Für die Störvariablen η_{1t} und η_{2t} gelte:

$$\eta_{1t}, \eta_{2t} \sim \text{i.i.d.}(0, \Sigma).$$

Y_t ist gemäß Gleichung (2.22) I(1) und C_t muß infolgedessen ebenfalls I(1) sein. Die Variablen sind kointegriert, da eine stationäre Linearkombination existiert, die durch (2.21) gegeben ist. Subtraktion von $\rho C_{t-1} = \rho c Y_{t-1} + \rho z_{t-1}$ von (2.21) ergibt:

$$C_t = \rho C_{t-1} + cY_t - \rho c Y_{t-1} + z_t - \rho z_{t-1}$$

$$= \rho C_{t-1} + c(1-\rho)Y_{t-1} + \eta_{1t} + c\eta_{2t}.$$

Setzt man nun

$$\epsilon_{1t} = \eta_{1t} + c\eta_{2t}, \qquad\qquad \epsilon_{2t} = \eta_{2t},$$

so erhält man die exakte Entsprechung zur autoregressiven Darstellung (2.13):

$$(2.23) \qquad C_t = \rho C_{t-1} + c(1-\rho)Y_{t-1} + \epsilon_{1t},$$

$$(2.24) \qquad Y_t = Y_{t-1} + \epsilon_{2t}.$$

Das Matrixpolynom A(L) ist hier gegeben durch

$$A(L) = \begin{bmatrix} 1 & 0 \\ 0 & 1 \end{bmatrix} - \begin{bmatrix} \rho & c(1-\rho) \\ 0 & 1 \end{bmatrix} L = \begin{bmatrix} 1-\rho L & -c(1-\rho)L \\ 0 & 1-L \end{bmatrix}.$$

Die Determinante von A(L) ist:

$$\det[A(L)] = (1-\rho L)(1-L).$$

Ihre Wurzeln liegen bei $L = 1$ und bei $L = 1/\rho$. Eine Wurzel liegt also auf dem Einheitskreis und die andere wegen $|\rho| < 1$ außerhalb des Einheitskreises, wie gefordert. Die Matrix $A(1)$ lautet hier:

$$A(1) = \begin{bmatrix} 1-\rho & -c(1-\rho) \\ 0 & 0 \end{bmatrix}.$$

Sie hat offensichtlich den Rang 1. Setzt man nun

$$\Gamma = (1-\rho,\, 0)', \qquad\qquad \Lambda = (1,\, -c)',$$

so gilt $A(1) = \Gamma\Lambda'$. Das Fehlerkorrekturmodell lautet nach Subtraktion von C_{t-1} von beiden Seiten von (2.23):

$$(2.25) \qquad \Delta C_t = -(1-\rho)[C_{t-1} - cY_{t-1}] + \epsilon_{1t}$$

$$= -(1-\rho)z_{t-1} + \epsilon_{1t},$$

$$(2.26) \qquad \Delta Y_t = \epsilon_{2t}.$$

Um aus (2.23) und (2.24) die moving–average–Darstellung zu erhalten, multiplizieren wir mit der adjungierten Matrix von $A(L)$:

$$\overline{A}(L) = \begin{bmatrix} 1-L & c(1-\rho)L \\ 0 & 1-\rho L \end{bmatrix}.$$

Somit läßt sich das System (2.23), (2.24) in Matrixschreibweise umformen zu:

$$(1-\rho L)(1-L)\begin{bmatrix} C_t \\ Y_t \end{bmatrix} = \begin{bmatrix} 1-L & c(1-\rho)L \\ 0 & 1-\rho L \end{bmatrix}\begin{bmatrix} \epsilon_{1t} \\ \epsilon_{2t} \end{bmatrix},$$

bzw. nach Division durch $(1-\rho L)$ zu:

$$(2.27) \qquad \begin{bmatrix} \Delta C_t \\ \Delta Y_t \end{bmatrix} = \begin{bmatrix} \dfrac{1-L}{1-\rho L} & \dfrac{c(1-\rho)L}{1-\rho L} \\ 0 & 1 \end{bmatrix}\begin{bmatrix} \epsilon_{1t} \\ \epsilon_{2t} \end{bmatrix}.$$

Die Matrix C(1) ist $\begin{bmatrix} 0 & c \\ 0 & 1 \end{bmatrix}$ und hat den Rang 1.

Zerlegt man nun noch C(L) in C(1) + (1–L)C*(L) und setzt

$$C(1) = \begin{bmatrix} c \\ 1 \end{bmatrix} \cdot [0\ 1], \quad \tau_t = \sum_{i=0}^{t-1} \epsilon_{2,t-i},$$

so hat man die "gemeinsame–Trends"–Darstellung erhalten:

$$\begin{bmatrix} C_t \\ Y_t \end{bmatrix} = \begin{bmatrix} C_0 \\ Y_0 \end{bmatrix} + \begin{bmatrix} c \\ 1 \end{bmatrix} \tau_t + \begin{bmatrix} 1/(1-\rho L) & -c/(1-\rho L) \\ 0 & 0 \end{bmatrix} \begin{bmatrix} \epsilon_{1t} \\ \epsilon_{2t} \end{bmatrix},$$

oder

$$(2.28) \qquad C_t = C_0 + c \sum_{i=0}^{t-1} \epsilon_{2,t-i} + \sum_{i=0}^{t-1} \rho^i \epsilon_{1,t-i} - c \sum_{i=0}^{t-1} \rho^i \epsilon_{2,t-i},$$

$$(2.29) \qquad Y_t = Y_0 + \sum_{i=0}^{t-1} \epsilon_{2,t-i}.$$

Damit sind alle angegebenen Darstellungsmöglichkeiten kointegrierter Zeitreihen an diesem Beispiel veranschaulicht worden.

Für die Schätzung der Parameter von Modellen mit kointegrierten Variablen sind die autoregressive Darstellung und die Fehlerkorrekturdarstellung besonders relevant, da sich für diese Modellformen die einfachsten Schätzverfahren anbieten. In den Kapiteln 4 - 8 wird daher auf diese Modellformen immer wieder zurückgegriffen. Die moving–average–Darstellung ist notwendig, um die Verteilung von Schätzfunktionen und Teststatistiken herleiten zu können. Die "gemeinsame-Trends"-Darstellung wurde aufgeführt, weil sie einerseits in sich von Interesse ist und andererseits das Augenmerk auf die Suche nach exogenen, verursachenden Faktoren lenkt.

Getreu dem in der Einleitung gegebenen Motto, daß Zeitreihenanalyse und Ökonometrie zwei eng miteinander verknüpfte Disziplinen sein sollten, sei abschließend nun noch auf die Frage eingegangen, wie die verschiedenen Darstellungsformen kointegrierter Zeitreihen in die Systematik der traditionellen Ökonometrie einzuordnen sind. In der Ökonometrie betrachtet man in der Regel Gleichungssysteme, in denen erklärende Variablen der *gleichen Periode* auf der rechten Seite der Gleichungen stehen. Auch Gleichungssysteme mit kointegrierten Variablen können natürlich in eine solche Form gebracht werden. Die Gleichungen (2.21) und (2.22) des Beispielmodells illustrieren dies. In der Fehlerkorrekturform eines Modells können ebenfalls Variablen der gleichen Periode auf der rechten Seite stehen. Dies ist angesichts der zeitlichen Abgrenzung vieler Daten in der Ökonomie (Jahresdaten oder Quartalsdaten) oft auch sinnvoll. Ebenso könnte eine Darstellung gefunden werden, in der nicht z_{t-1}, sondern z_{t-2} oder noch höhere Lags von z_t in die Fehlerkorrekturform eingehen. Die in diesem Kapitel angegebenen Darstellungen sind daher *nicht* die *einzig möglichen*, sondern *kanonische* Darstellungen, deren Wert in ihrer Eignung zu Demonstrations- und Analysezwecken liegt.

Auch die formale Gleichbehandlung aller Variablen in einem vektorautoregressiven Prozeß unterscheidet sich von der üblichen ökonometrischen Einteilung in endogene und exogene Variablen. Einige Gleichungen eines vektorautoregressiven Prozesses ergeben vielleicht unter ökonomischen Gesichtspunkten gar keinen Sinn. Sie sind eher als Projektionen im statistisch-geometrischen Sinn denn als Verhaltensgleichungen zu verstehen. Ist man aber an ökonomisch interpretierbaren Modellen interessiert, so sollte man auch bei Arbeiten mit kointegrierten Variablen nicht unbedingt einen ganzen vektorautoregressiven Prozeß spezifizieren, sondern sich auf die interessanten bzw. relevanten Variablen beschränken. Auch die Berücksichtigung zusätzlicher exogener Variablen in der autoregressiven Form oder der Fehlerkorrekturform ist in der Regel für eine vollständige ökonomische Erklärung notwendig und widerspricht keineswegs dem Konzept der Kointegration. Zu beachten ist allerdings, daß die Integrationsgrade der einzelnen Variablen kompatibel sein müssen. Enthält die Fehlerkorrekturform nur stationäre Variablen, so dürfen keinesfalls I(1)-Variablen als zusätzliche erklärende Variablen aufgenommen werden, da dies einen Widerspruch bedeuten würde.

Eine letzte Anmerkung betrifft die Differenzenbildung. Bei der Arbeit mit saisonbehafteten ökonomischen Daten ist es oft sinnvoll, nicht Quartals- bzw. Monatsdifferenzen, sondern Jahresdifferenzen zu bilden. Auf diese Weise werden saisonale Effekte weitgehend ausgeschaltet. Die korrekte formale Behandlung dieser Differenzenbildung würde eine Erweiterung des Integrationsbegriffes erfordern.[12] Führt man für die Operation der Bildung von $x_t - x_{t-4}$ den Operator

---

[12]Hylleberg, Engle, Granger und Yoo (1988) entwickeln eine Theorie für saisonale Integration und Kointegration.

$\Delta_4 = (1 - L^4)$ ein, so stellt man fest, daß dieser nicht eine, sondern vier Wurzeln auf dem Einheitskreis hat:

$$1 - L^4 = \prod_{k=0}^{3} (1 - e^{-k2\pi i/4}L),$$

die sogenannten "vierten Wurzeln der Eins".[13] Diese Unterscheidung wird wichtig, wenn man die klassische Komponentenzerlegung einer Zeitreihe in eine glatte Komponente und eine Saisonkomponente in die moderne Zeitreihenanalyse überträgt und zusätzlich annimmt, daß die Saisonkomponente ebenfalls nichtstationär ist. Eine Zeitreihe mit allgemeinen Wurzeln auf dem Einheitskreis kann durch gewöhnliche Differenzenbildung nicht stationarisiert werden, vielmehr muß auf sie der entsprechende Differenzenoperator (z. B. der oben angegebene Operator Δ_4) angewendet werden. Umgekehrt wird jedoch eine I(1)–Variable auch durch Bildung von vierten oder höheren Differenzen stationarisiert. In der praktischen Anwendung der in dieser Arbeit besprochenen Methoden spielt es keine Rolle, ob man gewöhnliche (erste) oder vierte (oder zwölfte) Differenzen formt. Die Schätz– und Testverfahren können daher auch dann angewendet werden, wenn man es vorzieht, Jahresdifferenzen zu bilden.

Das folgende Kapitel verläßt den Bereich der reinen Zeitreihenanalyse. Es enthält eine Diskussion der dynamischen Modellbildung in der Ökonometrie und befaßt sich insbesondere mit der ökonomischen Analyse von Fehlerkorrekturmodellen. Der hier nun abgebrochene Faden wird in Kapitel 4 wieder aufgegriffen.

---

[13]Allgemein heißen die komplexen Zahlen $e^{k2\pi i/n}$, $k = 0, 1, ..., n-1$ die "n- ten Wurzeln der Eins", da sie Lösungen der Gleichung $x^n = 1$ sind. Sie unterteilen den Einheitskreis in n gleiche Abschnitte (Vgl. Nerlove u.a., 1979, Anhang B).

Kapitel 3 Fehlerkorrekturmodelle

1. Dynamische Modelle in der Ökonometrie

a) Eine allgemeine Klasse dynamischer Modelle

Wie in der Einleitung bereits dargestellt wurde, besteht eine der Hauptaufgaben der Ökonometrie darin, aus der ökonomischen Theorie stammende Gleichgewichtsbeziehungen in Modelle zu übertragen, die eine adäquate Erfassung des realen Geschehens im Zeitablauf ermöglichen. Schon früh wurden zu diesem Zweck verschiedene Möglichkeiten dynamischer Spezifikation entwickelt. Hierzu gehören Modelle mit Autokorrelationsbereinigung, verteilte Verzögerungen oder das Modell partieller Anpassung. In den letzten Jahren ist diesem Problem jedoch vermehrte Aufmerksamkeit zuteil geworden. In einem Beitrag im "Handbook of Econometrics" definieren Hendry, Pagan und Sargan (1984) dynamische Spezifikation als "das Problem, die Lagstruktur eines postulierten theoretischen Modells und die Autokorrelationsstruktur der entsprechenden beobachteten Zeitreihendaten in Übereinstimmung zu bringen".[14] Als einen Referenzrahmen zur Diskussion dynamischer Modelle legen sie eine allgemeine Klasse sogenannter Autoregressiver Distributed–Lag-Modelle fest, in der sich die meisten bekannten dynamischen Spezifikationen als Spezialfälle darstellen lassen. Diese Klasse läßt sich in allgemeiner Form schreiben als:[15]

$$(3.1) \qquad y_t = a_0 + \sum_{i=1}^{m_0} a_i y_{t-i} + \sum_{i=0}^{m_1} b_{1i} x_{1,t-i} + \ldots + \sum_{i=0}^{m_k} b_{ki} x_{k,t-i} + \epsilon_t .$$

---

[14]"Dynamic specification denotes the problem of appropiately matching the lag reactions of a postulated theoretical model to the autocorrelation structure of the associated observed time- series data." (Handbook of Econometrics, Bd. 2, S. 1025).

[15]Gleichung (3.1) enthält im Gegensatz zu Gleichung (34) bei Hendry u. a. ein Absolutglied. Dadurch wird keine der folgenden Überlegungen wesentlich beeinflußt.

Die wichtigsten Formen dynamischer Modelle lassen sich jedoch schon an dem einfachen Fall darstellen, in dem nur eine erklärende Variable und nur eine Verzögerung auftaucht:

$$(3.2) \qquad y_t = a_0 + a_1 y_{t-1} + b_1 x_t + b_2 x_{t-1} + \epsilon_t.$$

Hendry, Pagan und Sargan (a.a.O., S.1041ff.) unterscheiden insgesamt neun Spezialfälle von (3.2), die durch bestimmte Restriktionen bezüglich der Parameter a_1, b_1 und b_2 gekennzeichnet sind. Von diesen neun Fällen sollen die fünf wichtigsten hier kurz diskutiert werden.

b) Das statische Regressionsmodell

Dieses Modell lautet:

$$y_t = a_0 + b_1 x_t + \epsilon_t$$

und enthält die Restriktionen $a_1 = b_2 = 0$. Das statische Regressionsmodell ist aus einer naheliegenden und unmittelbaren Übertragung ökonomischer Theorien (in linearisierter Form) in ökonometrische Modelle entstanden. Es stellt jedoch in den seltensten Fällen eine adäquate Charakterisierung des Zusammenhangs zwischen y_t und x_t in der Realität dar, da es dynamische Anpassungsprozesse vollkommen ignoriert. Die zugrundeliegende ökonomische Theorie ist in der Regel eine Gleichgewichtstheorie. Anhand von komparativ–statischen oder komparativ-dynamischen Überlegungen leitet sie eine Proportionalität der Variablen in einem Gleichgewichtszustand bzw. steady–state ab. Das statische Regressionsmodell hingegen impliziert diese Proportionalität (bis auf reine Zufallseinflüsse) zu jedem Zeitpunkt. Hinzu kommt, daß es der Theorie oft nicht einmal gerecht wird. Viele ökonomische Theorien unterscheiden explizit zwischen kurz- und langfristigen Reaktionen der Wirtschaftssubjekte auf Datenänderungen. Das vielleicht bekannteste Beispiel hierfür ist die Friedmansche Konsumtheorie (Friedman 1957), die besagt, daß Konsumenten auf kurzfristige, als transitorisch eingeschätzte Einkommensänderungen nur mit einer geringfügigen Erhöhung ihres Konsums reagieren, während sie bei Änderungen ihres permanenten Einkommens mit einer proportionalen Konsumerhöhung antworten. Friedman entwickelte diese Theorie, um die empirische Feststellung zu erklären, daß die kurzfristige

Konsumquote niedriger zu sein schien als die langfristige. Eng verwandt mit der Unterscheidung von permanenten und transitorischen Komponenten einer Variablen sind die Unterscheidungen in erwartete und unerwartete sowie in "natürliche" und "nicht natürliche" Komponenten, die in der gegenwärtigen ökonomischen Theorie eine große Rolle spielen. In der Regel beinhalten sie ebenfalls unterschiedliche kurzfristige und langfristige Reaktionen der Wirtschaftssubjekte auf beobachtete Veränderungen ökonomischer Variablen. Im Gegensatz hierzu setzt das statische Regressionsmodell voraus, daß kurz- und langfristige Reaktionen übereinstimmen. Ein weiteres Problem dieses Modells liegt darin, daß statistische Schlüsse in Bezug auf ökonomische Theorien in seinem Rahmen oft nur sehr unzuverlässig oder gar nicht möglich sind. Bekannt geworden ist das sogenannte "spurious regression" Problem bei Verwendung von Niveauwerten der Variablen. Granger und Newbold (1974) stellten fest, daß sogar Regressionen mit simulierten Daten, die durch unabhängige random walks erzeugt wurden, oft ein hohes R^2 ergaben. Dieser Effekt kommt um so stärker zum Zuge, wenn die Variablen einen Drift (Trend) aufweisen. Zudem sind bei Vorliegen von Autokorrelation in den Störvariablen die geschätzten Standardabweichungen der Koeffizientenschätzungen gegen Null und die t-Statistiken entsprechend nach oben verzerrt. Trotz all dieser Schwächen hat es sich jedoch gerade im Rahmen der Theorie der Kointegration gezeigt, daß statische Regressionen nicht völlig sinnlos sind, sondern im Gegenteil wertvolle Hinweise über den langfristigen Zusammenhang zwischen Variablen geben können. Gerade die langfristigen Zusammenhänge sind es nämlich, die in den Niveauwerten trendbehafteter Variablen zum Ausdruck kommen. Die Eigenschaften von Parameterschätzungen im Fall kointegrierter Variablen werden in Kapitel 4 dargestellt. Dort wird sich zeigen, daß bei kointegrierten Variablen statische Regressionsmodelle neue Bedeutung gewinnen.

c) Das Differenzenmodell

Das Differenzenmodell ergibt sich durch zeitliche Differenzenbildung aus dem statischen Regressionsmodell und lautet daher:

$$\Delta y_t = b_1 \Delta x_t + \epsilon_t.$$

Es enthält die Restriktionen $a_1 = 1$ und $b_2 = -b_1$. Das Differenzenmodell wird in der Zeitreihenliteratur bevorzugt, da es, eher als ein Modell für Niveauwerte, nur stationäre Variablen enthält und daher eine feste Basis in der statistischen Theorie hat. Zum gegenwärtigen Zeitpunkt hat die statistische Theorie wohl nur für stationäre Variablen einen Zustand weitgehender Abgeschlossenheit erreicht. An der Gegenüberstellung des statischen Regressionsmodells mit seinem Analogon in Differenzenform läßt sich ebenso einfach wie eindrucksvoll demonstrieren, daß die Aufgabe der dynamischen Modellierung in der Tat ein eigenständiges Problem darstellt, zu dessen Lösung die ökonomische Theorie nur begrenzt hilfreich sein kann. Angenommen, eine (nichtstochastische) ökonomische Theorie besage, daß eine bestimmte Variable y_t von einer anderen Variablen x_t bestimmt wird und daß der Zusammenhang zwischen diesen Variablen als linear angenommen werden kann: $y_t = a_0 + bx_t$. Dann muß jedoch auch gelten, daß $\Delta y_t = b\Delta x_t$ ist und in der Tat auch $\Delta^2 y_t = b\Delta^2 x_t$ usw.. Diese Transformationen lassen den Parameter b unberührt und unter theoretischen Gesichtspunkten wäre es vollkommen unerheblich, welche Form zur Schätzung dieses Parameters verwendet wird. Auch die Wachstumsraten sowie gleitende Durchschnitte von y hängen von den entsprechenden Transformationen von x in Verbindung mit den Parametern a und b ab. Die aus diesen unterschiedlichen Formen praktisch ermittelten Schätzwerte für a und b werden jedoch oft so weit voneinander abweichen, daß es unglaublich erscheint, daß stets derselbe Parameter geschätzt wird. Der Grund für die unterschiedlichen Ergebnisse besteht darin, daß sich durch Transformationen des Modells der Charakter des Störprozesses erheblich ändert. Ist etwa das Störglied im Niveaumodell weißes Rauschen, so ist es im differenzierten Modell ein (nicht invertierbarer) moving–average, der hohe negative Autokorrelation aufweist. Ist hingegen das Störglied im differenzierten Modell weißes Rauschen, so muß es in Niveauwerten ein random–walk sein. In diesem Fall kann gar nicht von einer stabilen Beziehung zwischen den Niveauwerten der Variablen gesprochen werden. Schätzungen des Koeffizienten b würden über verschiedene Schätzzeiträume hinweg divergieren. Diese Überlegungen machen deutlich, daß es nicht ohne weiteres möglich ist, willkürlich zwischen verschiedenen dynamischen Spezifikationen zu wechseln, ohne die Frage zu untersuchen, welche Implikationen für den Störprozeß damit verbunden sind. Zugleich offenbaren sie eine fundamentale Schwäche von Modellen in Differenzenform: Obwohl sie eine konstante Beziehung zwischen den Veränderungen der Variablen annehmen, sind in ihnen keine hinreichenden Informationen über den Zusammenhang zwischen den Niveauwerten enthalten. In der Tat sind sie langfristig mit beliebigen Relationen zwischen den Niveauwerten vereinbar. Die

Niveauwerte ökonomischer Variablen in der Realität hingegen scheinen sich, wie im vorigen Kapitel bereits festgestellt, nicht völlig unabhängig voneinander zu entwickeln. Vielmehr weisen viele Zeitreihen eine Tendenz auf, in der Nähe eines bestimmten Verhältnisses zueinander zu bleiben. Sie "trenden" zusammen. Wenn aber eine solche Tendenz tatsächlich existiert, müssen Modelle in Differenzenform unvollständig spezifiziert sein.[16]

d) Das Modell partieller Anpassung

Dieses Modell erfreut sich in der ökonometrischen Praxis großer Beliebtheit, da es vielleicht die einfachste Möglichkeit darstellt, dynamische Verhaltensweisen innerhalb eines ökonometrischen Modells zu erfassen. Als Spezialfall von Gleichung (3.2) enthält es die Restriktion $b_2 = 0$ und lautet daher:

$$y_t = a_0 + a_1 y_{t-1} + b_1 x_t + \epsilon_t.$$

Implizit enthält dieses Modell eine geometrische Lagverteilung über x_t und den Störprozeß, wie sich durch fortgesetzte Substitution erkennen läßt:

$$y_t = a_0 \frac{1-a_1^t}{1-a_1} + a_1^t y_0 + b_1 \sum_{i=0}^{t-1} a_1^i x_{t-i} + \sum_{i=0}^{t-1} a_1^i \epsilon_{t-i}.$$

Wiederum wäre es allerdings ein Fehler, anzunehmen, die Formulierungen in der Form der partiellen Anpassung und in der Form der geometrischen Lagverteilung seien austauschbar. Höchstens eine der beiden Formen kann Residuen haben, die weißes Rauschen sind, die andere Form muß zwangsläufig einen autokorrelierten Störprozeß aufweisen.

Partielle Anpassungsmodelle entstehen aus quadratischen Optimierungsproblemen mit Anpassungskosten (siehe z.B. Treadway, 1971) oder bei adaptiver Erwartungsbildung unter Verwendung einer Koyck—Transformation (Friedman,

---

[16]Plosser, Schwert und White (1982) schlagen vor, die Schätzung eines Modells in Niveauform mit derjenigen in Differenzenform zu vergleichen und entwickeln auf dieser Grundlage einen Spezifikationstest. Diese Möglichkeit widerspricht jedoch nicht der im Text getroffenen Feststellung, daß sich die Ergebnisse von Schätzungen verschiedener Modellformen erheblich unterscheiden können und in vielen Fällen miteinander nicht kompatibel sind.

1957, Cagan, 1956). Insofern besitzen sie eine Basis in ökonomisch plausiblem Optimierungsverhalten, obwohl quadratische Kostenfunktionen nicht immer realistisch scheinen, da sie Abweichungen von einem vorgegebenen Ziel in beide Richtungen gleich bewerten. Da die Herleitung von partieller Anpassung und Fehlerkorrektur, die weiter unten ausführlich diskutiert wird, sehr verwandt ist, sei zur näheren Erläuterung auf Abschnitt 2 verwiesen.

e) Das Modell eines autoregressiven Störprozesses

Da statische Regressionsmodelle oft eine hohe Autokorrelation der Residuen aufweisen, hat die Methode der sogenannten Autokorrelationsbereinigung in der Praxis weite Verbreitung gefunden. Für das zugrundeliegende Modell wird hierbei im einfachsten, in der Anwendung aber sehr verbreiteten Fall angenommen, daß der Störprozeß ein autoregressiver Prozeß erster Ordnung ist:

$$y_t = a_0 + b_1 x_t + u_t,$$

(3.3)

$$u_t = \rho u_{t-1} + \epsilon_t.$$

Auch dieses Modell kann als ein Spezialfall von (3.2) angesehen werden, in dem die Restriktion $b_2 = -a_1 b_1$ gilt. Dies läßt sich zeigen, indem (3.2) in Lagoperatorschreibweise umgeformt wird zu:

$$(1-a_1 L)y_t = a_0 + b_1(1 + \frac{b_2}{b_1} L)x_t + \epsilon_t.$$

Wenn $b_2 = -a_1 b_1$ ist, enthält das Lagpolynom einen gemeinsamen Faktor, $(1 - a_1 L)$, der sich herauskürzen läßt:

$$y_t = \frac{a_0}{1-a_1} + b_1 x_t + \frac{1}{1-a_1 L} \epsilon_t = b_1 x_t + u_t,$$

mit

$$u_t = a_1 u_{t-1} + \epsilon_t.$$

Es besteht also eine Äquivalenz zwischen autoregressiven distributed-lag-

Modellen mit gemeinsamen Faktoren in den Lagpolynomen und statischen Modellen mit autoregressiven Störprozessen. Diese Tatsache kann in manchen Fällen zu einer Vereinfachung des ökonometrischen Modells genutzt werden (vgl. Hendry und Mizon, 1978). Ein mögliches Vorgehen besteht darin, zunächst Gleichung (3.2) daraufhin zu testen, ob ein gemeinsamer Faktor vorliegt. Falls dies der Fall ist, kann das Modell vereinfacht werden zu Modell (3.3), das einen Parameter weniger enthält. Gemeinsame Faktoren sind allerdings nicht die einzige mögliche Ursache für autoregressive Störprozesse. Häufiger werden ausgelassene oder unbeobachtbare Variablen die Ursache sein und in diesen Fällen sollte eher versucht werden, eine bessere Spezifikation zu erreichen, als einfach ein Modell der Form (3.3) vorauszusetzen.

f) Das Fehlerkorrekturmodell

Dieses Modell wurde in Kapitel 2 bereits kurz vorgestellt. Als es gegen Ende der siebziger Jahre vermehrt in der praktischen Ökonometrie, insbesondere in England, verwendet wurde, enthielt es jedoch noch eine kleine, aber aus heutiger Sicht bedeutsame Einschränkung. Der "Kointegrationsparameter" (dieser Begriff war damals noch unbekannt) wurde in diesen Arbeiten nicht geschätzt, sondern vorgegeben. Noch bei Hendry, Pagan u. Sargan (1984, S. 1042) ist ein Fehlerkorrekturmodell dadurch definiert, daß es bezüglich Gleichung (3.2) die Restriktion $a_1 + b_1 + b_2 = 1$ enthält und daher geschrieben werden kann als:

$$(3.4) \qquad \Delta y_t = a_0 + b_1 \Delta x_t - (1-a_1)(y-x)_{t-1} + \epsilon_t.$$

Diese Form des Modells, in der der Kointegrationsparameter (d.h. der Koeffizient von x_{t-1}) a priori gleich Eins gesetzt wird, sei hier der besseren Vergleichbarkeit halber zunächst diskutiert. Formal ähnelt das Fehlerkorrekturmodell dem Differenzenmodell; es unterscheidet sich jedoch von diesem durch die zusätzliche Berücksichtigung von Niveauinformationen in Form des Regressors $(y-x)_{t-1}$. Dieser Ausdruck bewirkt, daß jede Abweichung zwischen y und x in der Folgeperiode zu einem gewissen Prozentsatz, der durch $1-a_1$ gegeben ist, korrigiert wird. Damit wird das Problem, daß Differenzenmodelle das Niveau der Variablen undeterminiert lassen, behoben.

Dies läßt sich am einfachsten erkennen, wenn man die steady-state–Lösung von

(3.4) betrachtet. Im steady—state sei

$$\Delta y = g_y = \Delta x = g_x = g.$$

Wenn die Variablen in Logarithmen ausgedrückt sind, ist g eine Wachstumsrate. Da Modelle mit logarithmierten Variablen oft einfacher zu interpretieren sind (ihre Koeffizienten sind Elastizitäten, die Differenzen der Variablen sind Wachstumsraten), sei für den Rest dieses Kapitels die Vereinbarung getroffen, daß *kleine Buchstaben* den *Logarithmus* einer Variablen bezeichnen. Ohne Berücksichtigung der Störgrößen wird (3.4) dann zu:

$$g = a_0 + b_1 g - (1-a_1)(y_{t-1} - x_{t-1}),$$

bzw.

$$(3.5) \qquad y_t = \frac{a_0 + (b_1 - 1)g}{1 - a_1} + x_t.$$

Das einfache Fehlerkorrekturmodell impliziert also eine steady—state-Elastizität von 1, während die "kurzfristige" Elastizität gleich b_1 ist. Die Möglichkeit, daß kurz— und langfristige Reaktionen voneinander abweichen können, ist in diesem Modell somit berücksichtigt. Im statischen Gleichgewicht (g = 0) wird (3.5) zu

$$(3.6) \qquad y_t = \frac{a_0}{1-a_1} + x_t,$$

oder, delogarithmiert:

$$(3.7) \qquad Y_t = A X_t$$

mit $A = \exp[a_0/(1-a_1)]$. Gleichung (3.6) zeigt, daß $g_y = g_x$ in der Tat eine steady—state—Lösung darstellt. Das Fehlerkorrekturmodell hat also die Eigenschaft, eine von einer ökonomischen Gleichgewichtstheorie postulierte Beziehung zwischen ökonomischen Variablen in einem hypothetischen statischen Gleichgewicht zu reproduzieren. Im Unterschied zum statischen Regressionsmodell setzt es jedoch nicht voraus, daß dieses Gleichgewicht zu jedem Zeitpunkt realisiert ist. Die Gleichgewichtsbeziehung wird damit zu einer wesentlichen Eigenschaft des *Modells*, nicht jedoch der *Daten*. Darüber hinaus läßt sich aus (3.5) erkennen, daß das Fehlerkorrekturmodell nicht nur im statischen Gleichgewicht, sondern in jedem durch eine konstante Wachstumsrate gekennzeichneten steady-state die Proportionalitätsforderung der Theorie erfüllt. Auf der anderen Seite besitzt das Modell eine erstaunliche Flexibilität in der Nachvollziehung historischer Entwicklungen. Bewegt sich das ökonomische System etwa von einem Zustand mit einer durchschnittlichen Wachstumsrate g_1 zu einem Zustand mit einer durchschnittlichen Wachstumsrate g_2 hin, so ändert sich der Gleichgewichtszustand langsam von $Y_t = A_1 X_t$ zu $Y_t = A_2 X_t$; wobei $A_1 = \exp[(a_0+(b_1-1)g_1)/(1-a_1)]$ und $A_2 = \exp[(a_0+(b_1-1)g_2)/(1-a_1)]$ ist. Anhand eines konkreten Beispiels bedeutet dies, daß eine im Zeitablauf schwankende oder sich sogar über einen gewissen Zeitraum hinweg trendmäßig ändernde durchschnittliche Konsumquote durchaus mit einem Modell vereinbar ist, das eine Einkommenselastizität des Konsums von Eins *im Gleichgewicht* impliziert (vgl. Davidson, Hendry, Srba u. Yeo, a.a.O., S. 681).

Die in den ursprünglichen empirischen Anwendungen des Fehlerkorrekturmodells stets auferlegte Beschränkung einer steady–state–Elastizität von Eins läßt sich jedoch aufheben. Gilt etwa anstelle der Restriktion $a_1 + b_1 + b_2 = 1$ allgemeiner $a_1 + b_1 + b_2 = 1 + \delta$, so läßt sich Gleichung (3.4) nach einigen Umformungen schreiben als:

$$(3.8) \qquad \Delta y_t = a_0 + b_1 \Delta x_t - (1-a_1)(y-\varphi x)_{t-1} + \epsilon_t,$$

wobei $\varphi = 1 + \dfrac{\delta}{1-a_1}$ ist. Die steady–state–Lösung für eine konstante Wachstumsrate g_x lautet nun:

$$(3.9) \qquad Y_t = A X_t^{\varphi},$$

worin wiederum $A = \exp[(a_0+(b_1-1)g_x)/(1-a_1)]$ ist. Die in dem Modell enthaltene langfristige Elastizität ist in diesem Fall gleich φ, während die kurzfristige Elastizität wiederum durch b_1 gegeben ist. Die Hypothese einer Elastizität von Eins kann jedoch im Rahmen des Fehlerkorrekturmodells getestet werden. Hierzu erweitert man (3.4) um cx_{t-1} und prüft, ob der Schätzwert $\hat{c}$ signifikant von Null verschieden ist.

Bisher wurde gezeigt, daß das Fehlerkorrekturmodell sowohl in der Lage ist, statische Gleichgewichtsbeziehungen zu reproduzieren, als auch unterschiedliche kurz– und langfristige Elastizitäten zu erklären. Die Herleitungen haben jedoch ebenfalls gezeigt, daß die steady– state–Lösung des Modells von der zugrundeliegenden Wachstumsrate abhängt. Zwei verschiedene steady–states sind also durch unterschiedliche Proportionalitätsfaktoren zwischen ökonomischen Variablen gekennzeichnet. Dieser Umstand ist von Currie (1981) als unplausibel kritisiert worden, ist jedoch ein allgemeines Kennzeichen dynamischer Modelle der Form (3.1) bzw. (3.2). Um dies zu zeigen, sei der Einfachheit halber wiederum nur das Modell (3.2) betrachtet. Dieses läßt sich zunächst in differenzierter Form schreiben als:

$$(3.10) \qquad \Delta y_t = b_1 \Delta x_t + b_2 \Delta x_{t-1} + a_1 \Delta y_{t-1} + \Delta \epsilon_t .$$

Um die steady–state–Lösung zu erhalten, seien wiederum für alle Perioden t konstante Wachstumsraten angenommen:

$$\Delta y_t = g_y; \quad \Delta x_t = g_x \; ; \; \epsilon_t = 0.$$

Damit ergibt sich :

$$(3.11) \qquad (1-a_1)g_y = (b_1+b_2)g_x .$$

Weiterhin gilt:

$$y_{t-1} = y_t - g_y \, ,$$

$$(3.12)$$

$$x_{t-1} = x_t - g_x \, .$$

Einsetzen von (3.12) und (3.11) in (3.2) ergibt die dynamische Gleichgewichtslösung:

$$(3.13) \qquad y_t = \frac{1}{1-a_1}[a_0 + (b_1+b_2)x_t - \frac{1}{1-a_1}[(1-a_1)b_2+(b_1+b_2)a_1]g_x]$$

bzw.

$$y_t = \Phi_0 + \Phi_1 x_t + \Phi_2 g_x .$$

In (3.13) hängt also das Niveau von y im steady–state von der zugrundeliegenden Wachstumsrate von x ab. Dieses Ergebnis läßt sich für den Fall mehrerer Regressoren und höherer Lags verallgemeinern (siehe Currie, 1981) und ist daher ein allgemeines Kennzeichen linearer dynamischer Modelle.

Es gibt Beispiele in der ökonomischen Theorie, in denen eine solche Abhängigkeit des steady–state–Niveaus einer Variablen von der Wachstumsrate einer anderen Variablen erklärt wird. Hierzu gehört die Theorie der Geldnachfrage, in der die Nachfrage nach Realkasse negativ von der Inflationsrate (also der Wachstumsrate des Preisindexes) abhängt. Ein weiteres Beispiel ist die "goldene Regel" in der Wachstumstheorie, die darauf basiert, daß der Konsum im steady–state von der Wachstumsrate des Kapitalstocks bestimmt wird. In den allermeisten Fällen macht die ökonomische Theorie jedoch keine Aussage über solche Wachstumseffekte; die Frage nach ihrer Existenz wird nicht einmal gestellt. Die langfristigen Implikationen dynamischer Modelle in der allgemeinen autoregressiven distributed–lag–Form sollten dann sehr sorgfältig untersucht werden, bevor zuviel Vertrauen in sie gesetzt wird.

Wie eine genauere Betrachtung von Gleichung (3.13) offenbart, ist der "Wachstumsrateneffekt" vermeidbar, wenn die (nichtlineare) Restriktion

$$b_2 = -b_1 a_1$$

auferlegt wird. Dies ist, wie bereits in Abschnitt e) gesehen, äquivalent zu einem statischen Modell mit einem autokorrelierten Störprozeß. Der Preis, den man für die Vermeidung von Wachstumseffekten bezahlen muß, besteht daher in der Auferlegung recht spezieller Parameterrestriktionen sowie in der Implikation, daß kurz– und langfristige Reaktionsparameter identisch sind. An dieser Fragestellung zeigt sich wohl eine prinzipielle Grenze der Leistungsfähigkeit und Interpretierbarkeit linearer Modelle.

2. Die ökonomische Begründung von Fehlerkorrekturmodellen

Während sich der erste Abschnitt dieses Kapitels mit den formalen Eigenschaften bestimmter Modelltypen befaßte, soll in diesem Abschnitt der Frage nach einer ökonomischen Interpretation des Fehlerkorrekturmodells nachgegangen werden. Untersucht wird also, wie und unter welchen Beschränkungen sich Wirtschaftssubjekte verhalten müssen, damit sich dieses Verhalten in der Form eines Fehlerkorrekturmodells beschreiben läßt. Dabei wird sich herausstellen, daß es alternative Beschreibungsweisen der zugrundeliegenden Entscheidungssituation der Wirtschaftssubjekte gibt, die zur Erklärung des gleichen Phänomens herangezogen werden können. Zunächst sei hier dargestellt, unter welchen Umständen sich Fehlerkorrekturmodelle als Lösungen optimaler Kontrollprobleme ergeben können.

a) Fehlerkorrekturmodelle als Ergebnis optimaler Kontrollprobleme

Die ökonomische Begründung für die Existenz von Fehlerkorrekturmodellen im Rahmen der Theorie optimaler Kontrolle ist eng verwandt mit der Begründung für das Modell partieller Anpassung und stellt im Grunde lediglich eine Verallgemeinerung der letzteren dar. Partielle Anpassungsmodelle werden üblicherweise mit der Existenz von Anpassungskosten begründet. Diese führen dazu, daß sich Wirtschaftssubjekte nur langsam an ihre ohne Berücksichtigung solcher Kosten ermittelten Optimalpunkte annähern. Die folgende Diskussion sei um des leichteren Verständnisses willen anhand eines konkreten Beispiels durchgeführt. Dazu sei angenommen, daß ein repräsentativer Konsument langfristig einen bestimmten Anteil k seines Einkommens konsumieren möchte:

$$C^* = kY,$$

oder, in Logarithmen,

$$(3.14) \qquad c^* = \ln k + y$$

c^* in (3.14) steht für den langfristig als optimal angesehenen Konsum. Abweichungen von diesem Konsumniveau sind mit Nutzenverlusten verbunden, die als Kosten aufgefaßt werden können. Zu einem Zeitpunkt t sieht sich der Konsument allerdings auch mit Kosten konfrontiert, die entstehen, wenn er von einem gegebenen Konsumniveau aus der Vorperiode aus das optimale Konsumniveau erreichen möchte. Diese Kosten können darin bestehen, daß der Konsument Zeit und Geld aufwenden muß, um sich über neue Produkte zu informieren, Preisvergleiche durchzuführen, oder sich um Finanzierungsmöglichkeiten zu kümmern. Diese beiden Arten von Kosten seien in einer quadratischen Kostenfunktion zusammengefaßt, die Abweichungen vom Gleichgewicht um so stärker bewertet, je größer sie sind:

$$(3.15) \qquad K_t = \delta(c_t - c_t^*)^2 + (c_t - c_{t-1})^2.$$

Der erste Ausdruck auf der rechten Seite von (3.15) erfaßt die Nutzenverluste, die durch Nichtrealisation des Optimums entstehen. Der zweite Ausdruck erfaßt die Kosten der Änderung des Konsumniveaus. Der Koeffizient vor diesem Ausdruck ist hier ohne Beschränkung der Allgemeinheit gleich 1 gesetzt worden. Der Konsument minimert K_t bezüglich c_t, indem er die erste Ableitung gleich Null setzt und nach c_t auflöst:

$$\frac{\delta K_t}{\delta c_t} = 2\delta(c_t - c_t^*) + 2(c_t - c_{t-1}) = 0$$

$$c_t = \frac{1}{1+\delta}c_{t-1} + \frac{\delta}{1+\delta}c_t^* .$$

Mit c_t^* aus (3.14) wird dies zu:

$$(3.16) \qquad c_t = (1-\lambda)\ln k + \lambda c_{t-1} + (1-\lambda)y_t \qquad \lambda = \frac{1}{1+\delta},$$

oder

$$(3.17) \qquad \Delta c_t = (1-\lambda)(\ln k + y_t - c_{t-1}) .$$

Die Gleichungen (3.16) bzw. (3.17) stellen eine Konsumfunktion dar, die eine partielle Anpassung des tatsächlichen Konsums an den langfristig gewünschten Konsum beinhaltet.

Die Kostenfunktion, die zur Herleitung dieser Funktion benutzt wurde, setzt allerdings voraus, daß Konsumenten nur sehr kurzfristig orientiert sind und Erwartungen über zukünftige Einkommen entweder nicht bilden oder nicht berücksichtigen. Die Herleitung kann verallgemeinert werden, indem angenommen wird, daß der repräsentative Konsument die Minimierung einer intertemporalen Kostenfunktion von der Form:

$$(3.18) \qquad K_t = \sum_{i=0}^{\infty} \beta^i \left[\delta(c_{t+i} - c_{t+i}^*)^2 + (c_{t+i} - c_{t+i-1})^2\right]$$

anstrebt. β ist ein Diskontierungsfaktor, der zwischen Null und Eins liegt.[17]

---

[17]Hendry und von Ungern-Sternberg (1981) erweitern diese Funktion noch um einen "Kreuzprodukteffekt" $\gamma(c_{t+i} - c^*_{t+i}) \cdot (c_{t+i} - c_{t+i-1})$, der allerdings zu unplausiblem Verhalten in bestimmten Situationen führen kann (vgl. Nickell, 1985, S. 120).

Differenzieren von (3.18) und Setzen der Ableitung gleich Null ergibt die notwendigen Bedingungen für ein Optimum:

$$\frac{\delta K_t}{\delta c_{t+i}} = 2\beta^i \delta(c_{t+i} - c^*_{t+i}) + 2\beta^i(c_{t+i} - c_{t+i-1})$$

$$- 2\beta^{i+1}(c_{t+i+1} - c_{t+i}) = 0, \qquad i = 0,1,\dots .$$

Daraus erhält man eine Differenzengleichung zweiter Ordnung für c_{t+i}:

$$(3.19a) \qquad \beta c_{t+i+1} - (1+\beta+\delta)c_{t+i} - c_{t+i-1} = -\delta c^*_{t+i},$$

oder, in Lagoperatornotation:

$$(3.19b) \qquad (\beta - (1+\beta+\delta)L + L^2)c_{t+i+1} = -\delta c^*_{t+i}.$$

Bereits an dieser Stelle lohnt es sich darauf hinzuweisen, daß die Optimierung der Kostenfunktion (3.18) im allgemeinen nicht dazu führt, daß der Konsument in einem steady–state seinen optimalen Konsum realisiert. Sei etwa $c_{t-1} = c^*_{t-1}$ und $c^*_{t+s} = c^*_{t-1} + (s+1)g$, so daß der optimale Konsum mit der konstanten Wachstumsrate g wächst und der Konsument sich zu Beginn auf seinem optimalen Konsumniveau befindet. Dennoch wird es für ihn nicht optimal sein, auf dem durch c^*_{t+s} gegebenen Konsumpfad zu bleiben, wie sich erkennen läßt, wenn $c^*_{t+s} = c^*_{t-1} + (s+1)g$ in Gleichung (3.19) eingesetzt wird. In diesem Fall wird die linke Seite der Gleichung zu

$$-\delta c^*_{t-1} + (\beta-1-\delta(s+1))g$$

und die rechte Seite zu

$$-\delta c^*_{t-1} - \delta(s+1)g.$$

Die beiden Seiten der Gleichung sind nur dann gleich, wenn β gleich 1 ist, wenn der Konsument die Zukunft also nicht diskontiert. Abdiskontieren zukünftigen Konsums hat somit den Effekt, daß es nicht optimal ist, auf einem bereits erreichten Wachstumspfad zu verbleiben, da die hierzu erforderlichen Anpassungskosten den Zugewinn an Nutzen überwiegen.[18] Hieraus ist zu folgern, daß durch

---

[18] Auf diesen Umstand hat Nickell (1985, S. 121) aufmerksam gemacht.

unterschiedliche Wachstumsraten gekennzeichnete steady–states unterschiedliche durchschnittliche Konsumquoten aufweisen.

Um nun eine Lösung der Differenzengleichung (3.19) zu finden, suchen wir eine Faktorisierung von

$$(\beta - (1+\beta+\delta)L + L^2)$$

in der Form

$$\beta(1-\mu_1 L)(1-\mu_2 L).$$

Ein Koeffizientenvergleich ergibt, daß

$$(3.20) \qquad \beta\mu_1\mu_2 = 1 \qquad \text{und} \qquad \beta(\mu_1+\mu_2) = (1+\beta+\delta)$$

sein muß. μ_1 und μ_2 sind die reziproken Werte der Lösungen der charakteristischen Gleichung

$$(3.21) \qquad f(z) = \beta - (1+\beta+\delta)z + z^2 = 0.$$

(3.19) Läßt sich nun für die Periode t (d.h. für i = 0) schreiben als:

$$(3.22) \qquad \beta(1-\mu_1 L)(1-\mu_2 L)c_t = -\delta c_{t-1}^{*}.$$

Da in (3.21) $f(0) = \beta > 0$, $f(1) = -\delta < 0$, $\lim_{z\to\infty} f(z) = \infty$ gilt, muß eine der beiden Nullstellen dieser Funktion zwischen Null und Eins liegen, die andere jedoch größer als Eins sein. Entsprechend gilt für die reziproken Werte:

$$0 < \mu_1 < 1 < \mu_2,$$

so daß die Differenzengleichung (3.19) bzw. (3.22) für μ_2 nicht "rückwärts" gelöst werden kann, da sich eine unbeschränkte Lösung ergäbe. Es ist jedoch möglich, für die unstabile Wurzel eine "Vorwärtslösung" zu bilden, indem man für $\mu > 1$

$$\frac{1}{1-\mu L}x_t = -\sum_{i=1}^{\infty} \left(\frac{1}{\mu}\right)^i x_{t+i}$$ setzt.[19] (3.22) läßt sich also auflösen zu:

$$(3.23) \qquad (1-\mu_1 L)c_t = \frac{\delta}{\beta} \sum_{i=0}^{\infty} \left(\frac{1}{\mu_2}\right)^i c_{t+i}^*.$$

Berücksichtigt man ferner, daß wegen (3.20) $\mu_2 = 1/\beta\mu_1$ und $\delta\mu_1 = (1-\mu_1)(1-\beta\mu_1)$ gilt, so läßt sich die Lösung von (3.19) in der Form

$$(3.24) \qquad c_t = \mu_1 c_{t-1} + (1-\mu_1)(1-\beta\mu_1) \sum_{i=0}^{\infty} (\beta\mu_1)^i c_{t+i}^*$$

oder

$$(3.25) \qquad \Delta c_t = (1-\mu_1) \left[(1-\beta\mu_1) \sum_{i=0}^{\infty} (\beta\mu_1)^i c_{t+i}^* - c_{t-1} \right]$$

angeben. Gleichung (3.25) ist immer noch prinzipiell ein partielles Anpassungsmodell und kein Fehlerkorrekturmodell. Dies ist im Grunde auch nicht überraschend, da sich am Prinzip der Herleitung nichts geändert hat und Optimierungsprobleme mit quadratischen Anpassungskosten unweigerlich zu partiellen Anpassungsmodellen führen. c_{t+i}^* in (3.25) muß jedoch für $i > 0$ nun den für die Zukunft *erwarteten* optimalen Konsum darstellen. Eine ökonometrisch schätzbare Gleichung mit beobachtbaren Variablen erhält man erst, wenn eine Bestimmungsgleichung für den erwarteten optimalen Pfad des Konsums in (3.25) eingesetzt wird. Der für die Zukunft erwartete optimale Konsumpfad hängt gemäß (3.14) von der erwarteten Einkommensentwicklung ab. Nickell (1985) hat gezeigt, daß für eine Reihe in der Realität relevanter stochastischer Prozesse für die Einkommensentwicklung (3.25) zu einem Fehlerkorrekturmodell wird. Dies sei an einem Beispiel demonstriert; die übrigen Ergebnisse Nickells werden anschließend zusammengefaßt.

<u>Beispiel:</u> y_t folgt einem autoregressiven Prozeß zweiter Ordung mit einer Einheitswurzel und Drift:

---

[19]Daß dies formal richtig ist, läßt sich wie folgt zeigen: $1/(1-\mu L) = -(\mu L)^{-1}/(1-(\mu L)^{-1}$
$= -1/\mu L(1 + (1/\mu)L^{-1} + (1/\mu)L^{-2} +...) = -(1/\mu)L^{-1} - (1/\mu)^2 L^{-2} - (1/\mu)^3 L^{-3} - ...$ (siehe Sargent, 1979, S. 173). Die "Vorwärtslösung" wird immer dann angewandt, wenn eine Wurzel der charakteristischen Gleichung einer Differenzengleichung kleiner als Eins ist. Dies führt zu dem Auftreten (erwarteter) zukünftiger Größen in vielen Modellen mit optimierenden Wirtschaftssubjekten.

$$(3.26) \qquad y_{t+s} = g + b\, y_{t+s-1} + (1-b)y_{t+s-2} + \epsilon_{t+s}.$$

Dieser Prozeß ist von besonderem Interesse, da er vielleicht die einfachste Charakterisierung typischer ökonomischer Zeitreihen darstellt.[20] Um die Erwartung von y_{t+s} bilden zu können, muß (3.26) zunächst umgeformt werden:

$$(3.27) \qquad y_{t+s} = g + y_{t+s-1} + (b-1)\Delta y_{t+s-1} + \epsilon_{t+s}$$

$$= g(s+1) + y_{t-1} + (b-1)\sum_{i=0}^{s}\Delta y_{t-1+i} + \sum_{i=0}^{s}\epsilon_{t+i}.$$

Also,

$$(3.28) \qquad E[y_{t+s}] = g(s+1) + y_{t-1} + (b-1)\sum_{i=0}^{s}E[\Delta y_{t-1+i}].$$

Aus der ersten Zeile von (3.27) folgt:

$$(3.29) \quad E[\Delta y_{t+s}] = g + (b-1)E[\Delta y_{t+s-1}] = g\sum_{i=0}^{s-1}(b-1)^{i} + (b-1)^{s}\Delta y_{t}.$$

Dies in (3.28) eingesetzt ergibt unter Verwendung der Formel für endliche geometrische Reihen:[21]

$$(3.30) \quad E[y_{t+s}] = y_{t-1} + \frac{1}{2-b}[gs + (1-(b-1)^{s+1})\Delta y_{t}] - \frac{(1-(b-1)^{s+1})g}{(2-b)^2}.$$

Gleichung (3.30) kann nun in (3.25) für c^{*}_{t+s} eingesetzt werden. Dies ergibt die Konsumfunktion in Abhängigkeit von beobachtbaren Größen:

$$(3.31) \qquad \Delta c_{t} = \frac{(1-\mu_1)[1-\beta^2\mu_1^2(b-1)]}{(2-b)[1-\beta^2\mu_1^2(b-1)-\beta\mu_1 b]}\, g$$

$$+ \frac{(1-\mu_1)}{1-\beta\mu_1(b-1)}\Delta y_{t} - (1-\mu_1)(c_{t-1} - y_{t-1} - \ln k),$$

---

[20]Man vergleiche dazu die Aussage von Nickell: "It is almost a stylised fact, that economic time series follow a second order autoregressive process with a root close to unity" (1985, S. 124).

[21]Die von Nickell angegebene Formel enthält den letzten Ausdruck nicht, so daß bei ihm ein Fehler vorzuliegen scheint. Als Folge davon ändert sich jedoch lediglich das Absolutglied in Formel (31).

44

oder

$$\Delta c_t = \Phi_1 g + \Phi_2 \Delta y_t - (1-\mu_1)(c_{t-1} - y_{t-1} - \ln k).$$

Gleichung (3.31) ist ein echtes Fehlerkorrekturmodell. Das Absolutglied dieser Gleichung hängt allerdings von der Wachstumsrate des Einkommens ab. Dieses Absolutglied ermöglicht es, daß der Konsum auch bei stetig wachsendem Einkommen in proportionaler Beziehung zum Einkommen bleibt, obwohl, wie weiter oben schon gezeigt, der Proportionalitätsfaktor selber ebenfalls von der Wachstumsrate abhängt. Die Tatsache, daß das Absolutglied in einem Fehlerkorrekturmodell unter Umständen von der Wachstumsrate der erklärenden Variablen abhängt, weist darauf hin, daß diese Modelle nicht gegenüber beliebigen Interventionen eine invariante Struktur besitzen. Infolgedessen ist eine gewisse Vorsicht angebracht, wenn sie zu Simulationszwecken eingesetzt werden.[22]

Es gibt jedoch auch überzeugende Argumente dafür, Fehlerkorrekturmodelle ganz ohne Absolutglied zu schätzen. Der Effekt eines Absolutgliedes besteht darin, eine deterministische Komponente in ein Modell einzuführen, die in der Aufsummierung genau wie ein linearer Trend wirkt. Dieser Effekt kann sehr unerwünscht sein. Insgesamt ist aber auch in der Zeitreihenliteratur wohl noch keine Einigkeit darüber erzielt worden, wie mit konstanten Gliedern umzugehen ist.[23] Das angeführte Beispiel belegt, daß Fehlerkorrekturmodelle als Resultat von optimierendem Verhalten der Wirtschaftssubjekte hergeleitet werden können. Es stellt sich jedoch die Frage, ob dieses Ergebnis nicht lediglich eine Folge des speziellen (obwohl vielleicht plausiblen) Prozesses war, der für die Einkommensentwicklung unterstellt wurde. Die Antwort auf diese Frage kann präzisiert werden, wenn man die übrigen Ergebnisse Nickells zusammenfaßt:

1. Wenn die Zielgröße (bei den bisherigen Erläuterungen der optimale Konsum) einem stationären Prozeß folgt, entsteht *kein* echtes

---

[22]Diese Aussage ist natürlich nur ein Spezialfall der sogenannten Lucas- Kritik an der Simulation ökonometrischer Modelle. Lucas (1976) hat darauf hingewiesen, daß Verhaltensgleichungen sich im allgemeinen ändern, wenn die stochastischen Prozesse, die die exogenen Daten erzeugen, sich ändern.

[23]Davidson u.a. (1978) schätzen die endgültige Spezifikation ihrer Konsumfunktion ohne ein Absolutglied. Ihr Argument besteht darin, daß eine hohe Multikollinearität zwischen dem Absolutglied und z_{t-1} besteht, wenn die Relation zwischen Einkommen und Konsum relativ konstant ist.

Fehlerkorrekturmodell, obwohl die resultierende Entscheidungsregel in eine "quasi–Fehlerkorrekturform" gebracht werden kann.

2. Echte Fehlerkorrekturmodelle ergeben sich stets dann, wenn die Zielgröße einem integrierten Prozeß (erster Ordnung) folgt, also eine Einheitswurzel in ihrer autoregressiven Darstellung hat. Diese Aussage läßt sich noch präzisieren. Wenn die Zielgröße einem ARIMA(p,1,q)–Prozeß folgt, so treten in der resultierenden Entscheidungsregel (dem Fehlerkorrekturmodell) p–2 verzögerte Differenzen der Zielgröße ($k\Delta y_{t-1}$, $k\Delta y_{t-2}$, ..., $k\Delta y_{t-(p-2)}$ im obigen Beispiel) und q verzögerte Differenzen der Kontrollgröße (Δc_{t-1}, Δc_{t-2}, ..., Δc_{t-q} im obigen Beispiel) auf.

3. Aggregation kann eine weitere Ursache für das Auftreten von Fehlerkorrekturmodellen sein. Setzt sich etwa der Konsum aus mehreren Komponenten mit unterschiedlichen Anpassungskosten zusammen, was in der Realität wohl zu erwarten ist, so entsteht für den gesamten Konsum ebenfalls ein Fehlerkorrekturmodell, in dem wiederum Verzögerungen von ΔC auftreten.

Diese Ergebnisse lassen sich in der Feststellung zusammenfassen, daß in der Realität durchaus komplexe Fehlerkorrekturmodelle erwartet werden können und mit optimierendem Verhalten seitens der Wirtschaftssubjekte vereinbar sind. Zugleich zeigen sie erneut, jedoch aus einer ganz anderen Perspektive, daß ein sehr enger Zusammenhang zwischen Fehlerkorrekturmodellen und integrierten Variablen besteht, ein Zusammenhang, der im vorigen Kapitel aus zeitreihenanalytischer Sicht nachgewiesen wurde.

Die Herleitung des Fehlerkorrekturmodells in diesem Abschnitt basierte auf einem Problem optimaler Kontrolle, das sich durch eine quadratische Zielfunktion auszeichnet. Die Verwendung quadratischer Zielfunktionen ist in der Ökonomie sehr verbreitet. Sie hat den großen Vorteil, daß sich in einem Problem mit linearen Bestimmungsgleichungen für die stochastischen Zielgrößen alle zukünftigen Variablen durch ihre bedingte Erwartung ersetzen lassen. Nach dieser Substitution kann das Problem exakt wie ein deterministisches Problem behandelt werden. Dies ist die sogenannte certaintyequivalence–Eigenschaft (vgl. Sargent, 1987, Kap. 1). Sind die Zielgrößen zudem normalverteilt, so ist die bedingte

Erwartung identisch mit Kleinste–Quadrate–Prognosen und es ergeben sich lineare Entscheidungsregeln (siehe Sargent, 1979, S. 338f.). Dies sind sehr angenehme Eigenschaften des so formulierten Optimierungsproblems und in der Tat ist es unter allgemeineren Bedingungen gar nicht möglich, für stochastische Kontrollprobleme Lösungen in geschlossener Form anzugeben. Aus diesen Gründen ist die Verwendung quadratischer Zielfunktionen heute zum Standard geworden. Dennoch gibt es Situationen im ökonomischen Bereich, in denen die Annahme quadratischer Kostenfunktionen problematisch erscheint. Stellt die Zielgröße z.B. die Arbeitslosenquote dar, so wird man Abweichungen vom Zielwert nach unten weniger stark bewerten wollen als Abweichungen nach oben. Zudem ist die Ausrichtung an Erwartungswerten gerade in den in diesem Abschnitt diskutierten Fällen problematisch, da sie Risikoüberlegungen vollkommen ignoriert. Bei Vorliegen integrierter stochastischer Prozesse wird ja die Unsicherheit langfristig extrem hoch. Die Frage ist also durchaus berechtigt, ob die Minimierung des Erwartungswertes eines unendlichen Kostenstromes ein geeignetes Modell darstellt, um ökonomisches Verhalten unter diesen Umständen zu beschreiben. Es ist daher lohnenswert, das Fehlerkorrekturmodell auch einmal unter dem Aspekt der klassischen Kontrolltheorie zu beleuchten.

b) Fehlerkorrekturmodelle und klassische Kontrolltheorie

Im vorigen Abschnitt wurde gezeigt, daß sich Fehlerkorrekturmodelle unter gewissen Umständen als Lösungen eines optimalen Kontrollproblems ergeben. Sie können jedoch unabhängig von einer intertemporalen Optimierung auch als einfache feedback–Kontrollregeln aufgefaßt werden, die den Systemzustand in Abhängigkeit von der beobachteten Zielabweichung korrigieren. Dieser "Servomechanismus"–Ansatz ist eher der klassischen Kontrolltheorie zuzurechen (vgl. Salmon, 1982). Die folgenden Ausführungen sind auch deshalb von Nutzen, weil sie es ermöglichen, einige der bisher festgestellten Eigenschaften von Fehlerkorrekturmodellen zu verallgemeinern.

In der klassischen Kontrolltheorie untersucht man sogenannte PID–Kontrollregeln, wobei P für proportionale, I für integrale und D für derivative Kontrollmechanismen steht. Die Grundform einer PID–Kontrollregel lautet:

$$(3.32) \qquad x_t = k_p e_t + k_i \sum_{j=1}^{t} e_{t-j} + k_d(e_t - e_{t-1}),$$

worin x_t eine Kontrollvariable ist, $e_t = x_t^* - x_t$ die Zielabweichung oder den "Fehler" bezeichnet und x_t^* die Zielgröße oder gewünschte Position angibt. Die Konstanten k_p, k_i und k_d sind Parameter, die daß Ausmaß von proportionaler, integraler und derivativer Kontrolle angeben. Ähnlich wie der Begriff "integrierte Variable" ist auch hier der Begriff "integrale Kontrolle" in dem Sinne zu verstehen, daß der Kontrollmechanismus auf die *Summe* aller vergangenen Zielabweichungen reagiert. Analog dazu steht der Begriff "derivative Kontrolle" für die Reaktion auf die Änderung (= zeitliche Differenz) der Zielabweichung. Verzögert man (3.32) um eine Periode und bildet die Differenz, so ergibt sich:

$$(3.33) \qquad \Delta x_t = k_p \Delta e_t + k_i e_{t-1} + k_d \Delta^2 e_t$$

$$= k_p \Delta x_t^* - k_p \Delta x_t + k_i(x_{t-1}^* - x_{t-1}) + k_d \Delta^2 e_t.$$

In (3.33) zeigt sich die enge Verwandtschaft eines Fehlerkorrekturmodells mit einer PID–Kontrollregel. Im Rahmen der bisher dargestellten Modelle war allerdings die derivative Kontrolle k_d stets gleich Null. Der Fehlerkorrekturterm $(x_{t-1}^* - x_{t-1})$ repräsentiert einen integralen Kontrollmechanismus. Es läßt sich nun zeigen, daß integrale Kontrolle wichtig ist, um sicherzustellen, daß auch bei einer wachsenden Zielgröße eine Zielabweichung auf Dauer ausgeglichen wird. Salmon (1982) hat die Frage nach der Effektivität verschiedener Kontrollregeln bei der Erreichung des Gleichgewichts in einem steady–state untersucht. Seine wichtigsten Ergebnisse werden hier kurz zusammengefaßt. Da ihr Beweis die Technik der z–Transformation erfordert, die sonst in dieser Arbeit nicht verwendet wird, wird auf ihn hier verzichtet.

1.   Das Vorhandensein von integraler Kontrolle in (3.33) bewirkt einen steady–state–Fehler von Null, wenn die Zielgröße x_t^* konstant ist. Ohne integrale Kontrolle ergibt sich ein konstanter steady–state–Fehler.

2.   Wenn x_t^* im steady–state mit einer konstanten Rate wächst, bewirkt das Vorhandensein von integraler Kontrolle in (3.33) einen konstanten steady–state–Fehler. Ohne integrale Kontrolle würden x_t und x_t^* divergieren.

3. Definiert man integrale Kontrolle der Ordnung Eins wie in (3.33), integrale Kontrolle der Ordnung Zwei als $k_{i2} \sum_{j=1}^{t} \sum_{k=1}^{i} e_{t-k}$ und für höhere Ordnungen entsprechend, so lassen sich die Aussagen unter 1. und 2. wie folgt verallgemeinern: Wächst die Zielgröße gemäß einem polynomialen Trend der Ordnung k, d.h. gilt $x_t^* = bt^k$, so ist mindestens integrale Kontrolle der Ordnung k+1 erforderlich, um einen steady–state–Fehler von Null zu gewährleisten.

Diese Ergebnisse zeigen aus einer anderen Perspektive das schon mehrfach gefundene Ergebnis, daß die Relation von Kontrollvariable und Zielvariable im dynamischen Gleichgewicht von der Wachstumsrate der Zielvariablen abhängt. Damit ist es nun möglich, das im vorigen Abschnitt diskutierte Modell der Konsumfunktion noch einmal aufzugreifen. Jetzt kann die Frage beantwortet werden, wie ein ökonometrisches Modell des Konsums aussehen müßte, das eine durchschnittliche Konsumquote enthielte, die im Gleichgewicht unabhängig von der Wachstumsrate des Einkommens wäre. In Abschnitt 2.a) wurde für den optimalen Konsum das Modell $C_t^* = kY_t$ unterstellt. Dieses Gleichgewichtsmodell kann auf zweierlei Weise interpretiert werden: In der einen Interpretation besagt es, daß die Einkommenselastizität des Konsums im Gleichgewicht konstant ist (gleich Eins in diesem Fall). In der zweiten (weitergehenden) Interpretation besagt es, daß die durchschnittliche Konsumquote im Gleichgewicht gleich k ist, *unabhängig von der Wachstumsrate des Einkommens.* Die erste Forderung wird von einem Fehlerkorrekturmodell erfüllt, die zweite hingegen nicht. Um die zweite Forderung ebenfalls zu erfüllen, müßte die Konsumfunktion Salmons Ergebnissen zufolge von der Form

$$(3.34) \qquad C_t = b_1 Y_t + b_2 \sum_{i=1}^{t} (kY_{t-i} - C_{t-i}) + b_3 \sum_{i=1}^{t} \sum_{j=1}^{i} (kY_{t-j} - C_{t-j})$$

sein, also integrale Kontrolle der Ordnung Zwei enthalten. Dies läßt sich identisch umformen zu:

$$(3.35) \qquad \Delta C_t = b_1 \Delta Y_t + b_2 (kY_{t-1} - C_{t-1}) + b_3 \sum_{i=1}^{t} (kY_{t-i} - C_{t-i}),$$

bzw. zu

$$(3.36) \qquad \Delta^2 C_t = b_1 \Delta^2 Y_t + b_2 \Delta (kY_{t-1} - C_{t-1}) + b_3 (kY_{t-1} - C_{t-1}).$$

Gleichung (3.36) stellt ein Fehlerkorrekturmodell für die Differenz des Konsums dar. In der Tat existiert nun eine steady-state-Lösung mit $\Delta^2 Y_t = \Delta^2 C_t = 0$, $\Delta C_t = k\Delta Y_t$ und $C_t = kY_t$ für alle t. Dennoch ist die Frage zu stellen, ob ein Modell dieser Form verhaltensmäßig plausibel interpretiert werden kann.

Ein weiterer Punkt bezüglich der Form der Gleichungen (3.34) bis (3.36) ist erwähnenswert. Dazu sei noch einmal an die Aussage von Kapitel 2.1 erinnert, daß eine ökonomische Gleichgewichtstheorie als Minimalforderung an beobachtete Zeitreihen impliziert, daß die Abweichungen vom Gleichgewicht einen stationären Prozeß darstellen. Sie sollten also insbesondere eine endliche Varianz haben und sich nicht beliebig in eine Richtung hin vergrößern können. Die Gleichgewichtsabweichung $z_t = (kY_t - C_{t-1})$ sollte mit anderen Worten integriert vom Grade Null sein. Ist aber $z_t \sim I(0)$, so muß nach Gleichung (3.35) ΔC_t als Kumulation einer $I(0)$–Variablen $I(1)$ sein. Der Konsum selbst müßte in diesem Fall Gleichung (3.34) zufolge $I(2)$ sein. Dies scheint für den tatsächlichen Konsum nicht der Fall zu sein und auch für andere reale ökonomische Variablen nicht. Ist aber der Konsum $I(1)$ und bildeten die Gleichungen (3.34), (3.35) oder (3.36) dennoch das "richtige" Modell, so wäre dies gleichbedeutend damit, daß $z_t \sim I(-1)$ ist. Eine Gleichgewichtsabweichung, die stark negativ autokorreliert ist und die Nullgrenze öfter als weißes Rauschen überschreitet, scheint aber für die Realität ebenfalls nicht typisch zu sein. Zusammenfassend läßt sich daher sagen, daß Modelle, die von Wachstumsraten unabhängige Proportionalitätsbeziehungen zwischen ökonomischen Variablen implizieren, aus zeitreihenanalytischer Sicht nicht angemessen erscheinen. Damit muß diese Frage an die ökonomische Theorie zurückgegeben werden. Bis zum gegenwärtigen Zeitpunkt sind ökonomische Theorien, die nicht nur statische, sondern auch dynamische Gleichgewichte erklären, eher die Ausnahme als die Regel.[24]

Zum Abschluß dieses Abschnitts sei auf einen weiteren Punkt hingewiesen, der Fehlerkorrekturmodelle besonders attraktiv macht. Wie unter a) gezeigt wurde, erfordert die korrekte Lösung optimaler Kontrollprobleme nicht nur gewisse kalkulatorische Fähigkeiten, sondern auch ein gutes Modell der Umwelt, die kontrolliert werden soll. Die Qualität der Lösung hängt letzten Endes von der Qualität des Modells ab, das der Lösung zugrundeliegt. In dem dort behandelten

---

[24]Zwei Beispiele für Theorien dieser Art wurden in Kapitel 2 genannt.

Beispiel war dies das Modell für den stochastischen Prozeß, dem die Einkommensentwicklung folgt. Es ist nun nicht abwegig, zu argumentieren, daß gerade in der Ökonomie die Umwelt in vielen Fällen nur schlecht verstanden wird und die verwendeten Modelle nur sehr unvollkommene Approximationen an den datenerzeugenden Prozeß darstellen. Diese Tatsache macht die Interpretation des Fehlerkorrekturmodells als "Servomechanismus" attraktiv. Die einfache feed-back-Form dieses Modells erlaubt es, auf Abweichungen zu reagieren, wann immer sie entstehen, auch ohne ein vollständiges Modell ihrer Entstehung zur Verfügung zu haben. Selbst wenn ein solches Modell zur Verfügung stünde, könnte es sinnvoll sein, eine einfache feed–back–Regel anzuwenden. Auch aus optimalen Kontrollproblemen resultieren ja oft Entscheidungsregeln in feed–back–Form. Ein Beispiel: Ein Arbeitsloser wird seinen Konsum unter Umständen auch dann einschränken, wenn er weiß, daß Arbeitslosigkeit über die Lebenszeit gesehen normalverteilt ist mit einem Mittelwert von einer Woche pro Jahr.

Mit diesen Bemerkungen sei die Diskussion der ökonomischen Begründung und Interpretation von Fehlerkorrekturmodellen abgeschlossen. Bei all diesen Überlegungen sollte nie vergessen werden, daß ökonometrische Modelle bestenfalls Approximationen an den datenerzeugenden Prozeß sein können. Die Güte der Approximation hängt entscheidend davon ab, in welchem Umfang sich die Realität verändert. Ein Modell für Friedenszeiten muß das Verhalten in Kriegszeiten nicht gut beschreiben. Ebenso gut kann ein Modell, daß bei niedrigen durchschnittlichen Wachstumsraten eine sehr gute Beschreibung der Wirklichkeit bietet, bei hohen Wachstumsraten gerade noch adäquat sein. Ein Modell, das alle Merkmale der Realität unter allen möglichen Umständen beschriebe, wäre wohl so komplex, daß es seiner Aufgabe, ein vereinfachtes Abbild der Welt zu sein, nicht mehr entspräche.

Kapitel 4 Schätzverfahren für kointegrierte Zeitreihen und ihre Eigenschaften

In Kapitel 2 wurden verschiedene Darstellungsformen kointegrierter Zeitreihen vorgestellt. Mit diesen unterschiedlichen Darstellungsformen bieten sich gleichzeitig verschiedene Verfahren an, die Parameter des zugrundeliegenden multivariaten stochastischen Prozesses zu schätzen. Das Schätzproblem ist jedoch keineswegs trivial. Interessante Probleme entstehen vielmehr aus der Tatsache, daß die langfristigen (Kointegrations–) und kurzfristigen ("Dynamik"–) Parameter ganz verschiedener Natur sind. Der grundlegende Unterschied zwischen diesen Klassen von Parametern findet seine Entsprechung in Schätzverfahren, die die beiden Klassen gesondert behandeln.

Besonders geeignet für die Parameterschätzung und ebenso für statistische Tests auf Kointegration sind die autoregressive Modellform und die Fehlerkorrekturform. Die in diesem Kapitel behandelten drei Schätzverfahren knüpfen an diese beiden Modellformen an. Jedes dieser Verfahren hat aus anderen Gründen in der Praxis Bedeutung gewonnen oder wird in der Zukunft voraussichtlich Bedeutung gewinnen.

1. Das zweistufige Verfahren von Granger und Engle

a) Darstellung des Verfahrens

Dieses Schätzverfahren ist besonders einfach und offenbart zugleich wie kein zweites die besonderen Eigenschaften kointegrierter Zeitreihen. Granger und Engle (1987) schlagen vor, in einem ersten Schritt allein die Kointegrationsparameter mit Hilfe einer statischen Regression zu schätzen. Bezeichnet man die "abhängige" Variable dieser Regression mit x_{1t}, so bedeutet dies gleichzeitig eine Normierung der ersten Komponente des Kointegrationsvektors λ auf Eins. Der "Restvektor", d.h. die zweite bis n–te Komponente von λ, sei mit $-\varphi$ bezeichnet. Es gilt also:

$$\lambda = e_1 - R\varphi,$$

worin e_1 der erste Einheitsvektor und R eine $n\times(n-1)$–Matrix ist, die in der ersten Zeile nur Nullen hat und im übrigen eine Einheitsmatrix ist.[25] Die Variablen x_{2t}, x_{3t}, ..., x_{nt} seien in dem Vektor x_t^* zusammengefaßt. Mit diesen Vereinbarungen besteht die erste Stufe des Granger–Engle–Verfahrens somit in der Schätzung von φ in:

$$(4.1) \qquad x_{1t} = c + \varphi' x_t^* + z_t.$$

Die "Störvariable" z_t ist in der Regel kein weißes Rauschen. Sie enthält vielmehr alle Einflußgrößen, die in (4.1) nicht berücksichtigt sind. Da insbesondere die gesamte "Dynamik" nicht explizit in der Gleichung erfaßt ist, ist z_t im allgemeinen hoch autokorreliert und zudem heteroskedastisch. Die Konstante c wird in die Gleichung aufgenommen, um für die geschätzte Gleichgewichtsabweichung $\hat{z}_t$ einen Mittelwert von Null sicherzustellen.

Der Vorschlag, den Kointegrationsvektor mit Hilfe einer statischen Regression zu schätzen, basiert auf der Beobachtung, daß die gewöhnliche Kleinste-Quadrate-Methode die Varianz der Schätzresiduen minimiert. Da alle Linearkombinationen integrierter Variablen mit zunehmendem Stichprobenumfang eine stetig wachsende Varianz aufweisen mit Ausnahme derjenigen, die durch Kointegrationsvektoren gebildet werden, sucht die OLS–Methode gezielt die Kointegrationsparameter. Diese Aussage gilt zudem ganz unabhängig von einem eventuellen Vorliegen von Faktoren, die die OLS–Methode unter klassischen Bedingungen als weniger geeignet erscheinen lassen. Bekanntlich führt unter diesen Bedingungen (wenn also insbesondere stationäre Variablen vorliegen) eine wechselseitige Abhängigkeit zwischen "erklärter" und "erklärender" Variable zu einer auch asymptotisch nicht verschwindenden Verzerrung der Parameterschätzungen, dem sogenannten "Haavelmo–Bias" oder auch Simultanitätsbias. Dieser Bias verschwindet bei kointegrierten Variablen asymptotisch. Die Konsistenz des OLS–Schätzers des Kointegrationsvektors wurde zuerst von Stock (1987) in einem wichtigen Theorem hergeleitet, das hier in leicht abgewandelter Form wiedergegeben sei:

---

[25]Im dreidimensionalen Fall gilt also z.B.: $\lambda = \begin{bmatrix} 1 \\ 0 \\ 0 \end{bmatrix} - \begin{bmatrix} 0 & 0 \\ 1 & 0 \\ 0 & 1 \end{bmatrix} \begin{bmatrix} \varphi_1 \\ \varphi_2 \end{bmatrix}.$

<u>Theorem (Stock)</u>: Seien x_{1t} und die Komponenten des Vektors x_t^* integriert vom Grade Eins ($x_t \sim I(1)$) und kointegriert mit Kointegrationsvektor $\lambda = e_1 - R\varphi$, so daß $z_t = \lambda'x_t = x_{1t} - \varphi'x_t^*$ stationär ist ($z_t \sim I(0)$). Seien zusätzlich die Komponenten des Vektors x_t^* nicht kointegriert. Dann gilt für den OLS–Schätzer $\hat{\varphi}$ für φ:

$$T^{1-\delta}(\hat{\varphi} - \varphi) \overset{p}{\longrightarrow} 0, \quad \text{für alle } \delta > 0.$$

Das Zeichen $\overset{p}{\longrightarrow}$ steht für "konvergiert nach Wahrscheinlichkeit gegen". Für einen Beweis des Theorems siehe Stock (1987).

Das Bemerkenswerte an Stocks Theorem besteht nicht nur darin, daß die Abweichung $(\hat{\varphi} - \varphi)$ überhaupt mit Wahrscheinlichkeit gegen Null geht. Sie geht zudem erheblich schneller gegen Null als vergleichbare Größen bei stationären Variablen. Die Aussage des Theorems läßt sich auch so formulieren, daß $(\hat{\varphi} - \varphi)$ von der Ordnung T^{-1} ist $(= O_p(T^{-1}))$, während sie bei stationären Variablen $O_p(T^{-1/2})$ ist.[26] Aufgrund dieser schnelleren Konvergenz ist der OLS–Schätzer des Kointegrationsvektors von Stock "superkonsistent" genannt worden. Die Forderung, daß die Komponenten von x_t^* nicht selbst kointegriert sind, ist notwendig, um die sonst entstehende asymptotische Singularität der Regressormatrix auszuschließen.

Nach Durchführung der statischen Regression der ersten Stufe besteht die zweite Stufe des Granger–Engle–Verfahrens in der Schätzung der Parameter des zugehörigen Fehlerkorrekturmodells. Diese Schätzung erfolgt unter Beibehaltung des Schätzwertes für den Kointegrationsvektor aus der ersten Stufe. Die OLS–Residuen $\hat{z}_t$ der ersten Stufe dienen als Schätzung für die unbekannten Gleichgewichtsabweichungen z_t. Wenn wir einmal annehmen, daß das Gesamtmodell nur aus zwei Variablen besteht, so besteht die zweite Stufe somit in der Schätzung der beiden Gleichungen

---

[26]Die Symbole $O_p(\cdot)$ und $o_p(\cdot)$ bilden die stochastische Entsprechung zu den $O(\cdot)$– und $o(\cdot)$– Symbolen, die bei der Abschätzung von Folgen und Reihen eine wichtige Rolle spielen. Eine Folge von Zufallsvariablen X_n ist $O_p(Z_n)$, wenn für jedes ϵ eine Zahl K und eine Zahl N existieren, so daß $P(|X_n| \geq K \cdot Z_n) < \epsilon$ für $n > N$ gilt. X_n ist $o_p(Z_n)$, wenn $P(|X_n| \geq \epsilon|Z_n|)$ $\longrightarrow 0$ für alle $\epsilon > 0$ gilt. X_n ist $o_p(1)$ ist daher gleichbedeutend mit der Aussage, daß X_n mit Wahrscheinlichkeit gegen Null geht (vgl. Pollard, 1984, S. 189).

$$(4.2) \qquad \Delta x_{1t} = -\gamma_1 \hat{z}_{t-1} + \sum_{j=1}^{l_1^*} g_{11j}\,\Delta x_{1,t-j} + \sum_{j=1}^{l_1^\dagger} g_{12j}\,\Delta x_{2,t-j} + \epsilon_{1t},$$

$$(4.3) \qquad \Delta x_{2t} = -\gamma_2 \hat{z}_{t-1} + \sum_{j=1}^{l_2^*} g_{21j}\,\Delta x_{1,t-j} + \sum_{j=1}^{l_2^\dagger} g_{22j}\,\Delta x_{2,t-j} + \epsilon_{2t}.$$

Granger und Engle schlagen vor, diese Gleichungen zunächst nur mit $\hat{z}_{t-1}$ als Regressor zu formulieren und dann solange verzögerte Differenzen hinzuzufügen, bis weitere Lags nicht mehr signifikant sind.

Betrachten wir nun die Eigenschaften der Parameterschätzungen dieser zweiten Stufe. Das System (4.2) − (4.3) entspricht formal der reduzierten Form eines interdependenten Modells, enthält allerdings keine exogenen Variablen. Wäre z_{t-1} bekannt, so wären die Parameterschätzungen $\hat{g}_{ijk}$ und $\hat{\gamma}_i$ (i, j = 1, 2; k = 1, ..., l_i^*, $l_i^\dagger$) unter den getroffenen Voraussetzungen daher konsistent und asymptotisch normal (vgl. Fomby u. a., 1984, Kap. 19 und 23). Dies ist so, weil (bei bekanntem z_{t-1}) alle in dem Modell auftretenden Variablen stationär sind. Bemerkenswerterweise hat Stock (1987) gezeigt, daß alle diese Eigenschaften nicht nur bei bekanntem z_{t-1}, sondern auch bei Verwendung der Schätzung $\hat{z}_{t-1}$ erfüllt sind. Darüber hinaus läßt sich sogar feststellen, daß die asymptotische Verteilung der $\hat{\gamma}_{ij}$ sowie der $\hat{g}_{ijk}$ bei Verwendung von $\hat{z}_{t-1}$ identisch ist mit derjenigen bei Verwendung von z_{t-1}. Diese Tatsache ist eine Empfehlung für das Granger–Engle–Verfahren.

Die Ursache der asymptotischen Unabhängigkeit der Verteilung von $\hat{\gamma}_{ij}$ und $\hat{g}_{ijk}$ von $\hat{z}_{t-1}$ liegt in der schon angesprochenen schnellen Konvergenz von $\hat{\varphi}$. Während $\hat{\varphi}$ $O_p(T^{-1})$ ist, sind die $\hat{\gamma}_{ij}$ sowie die $\hat{g}_{ijk}$ lediglich $O_p(T^{-1/2})$. Weniger streng läßt sich dieser Sachverhalt so formulieren, daß $\hat{z}_{t-1}$ mit einer Wahrscheinlichkeit von beinahe Eins bereits gleich z_{t-1} ist, wenn sich bei wachsendem Stichprobenumfang auch die $\hat{\gamma}_{ij}$ und $\hat{g}_{ijk}$ ihren Grenzverteilungen annähern.

b) Vor- und Nachteile des Verfahrens

Das Granger–Engle–Verfahren hat drei Eigenschaften, die es für die Praxis sehr attraktiv erscheinen lassen. Dies sind zum einen die ausschließliche Verwendung der OLS–Methode, ein Argument, das auch heute noch für viele Anwender ins Gewicht fallen dürfte. Theoretisch bedeutsamer ist der zweite Vorteil, der darin besteht, daß dieses Verfahren es ermöglicht, die Kointegrationsparameter separat zu schätzen, ohne daß der gesamte stochastische Prozeß für die untersuchten Variablen spezifiziert werden müßte. Der dritte Vorteil besteht in den günstigen asymptotischen Eigenschaften des Verfahrens. Der Nachweis dieser Eigenschaften stellt übrigens eine späte theoretische Rechtfertigung für die langjährige Ignoranz der Praxis gegenüber theoretischen Bedenken bezüglich der Verwendung der OLS–Methode in Modellen mit wechselseitiger Abhängigkeit zwischen Regressand und Regressoren dar. Denn die meisten ökonometrischen Modelle sind stets – ganz oder zum größten Teil – mit der Methode der Kleinsten Quadrate geschätzt worden, auch die in ihnen enthaltenen Niveaugrößenansätze (vgl. Lüdeke u.a. 1984, 1989; Deutsche Bundesbank, 1986; Heilemann, 1989; aber auch internationale Modelle). Offenbar hat hierbei auch – neben Nachteilen der simultanen Schätzverfahren – das Gefühl vieler Praktiker eine Rolle gespielt, mit den auf diese Weise erhaltenen Schätzwerten doch nicht ganz falsch zu liegen.

Die Klein–Stichprobeneigenschaften des Granger–Engle–Verfahrens sind weniger gut bekannt, vermutlich aber auch weniger gut. Banerjee u.a. (1986) führten eine Monte–Carlo–Studie zur Untersuchung der Verteilung des OLS–Schätzers in der statischen Regression durch. Sie fanden einen beachtlichen Bias, der zudem nicht mit der theoretisch zu erwartenden Rate zu verschwinden schien. Das Ausmaß des Bias ließ sich jedoch gut als fallende Funktion des R^2 der Regression darstellen. Stock (1987) fand in einer Monte–Carlo-Untersuchung ebenfalls einen beträchtlichen Bias in kleinen Stichproben. Zudem war in dem von ihm untersuchten Modell die Verteilung des Schätzers asymmetrisch. Faktoren wie Autokorrelation der Störvariablen oder Interdependenz der Modellvariablen verhindern zwar bei integrierten Variablen nicht die Konsistenz des OLS–Schätzers, sie können jedoch bei kleinen Stichproben nach wie vor zu erheblichen Verzerrungen führen. Die Simulationsstudien in Kapitel 7 dieser Arbeit sowie in Engle und Yoo (1987) deuten zudem auf eine gewisse Ineffizienz des Granger–Engle–Verfahrens hin, die wohl in seiner Zweistufigkeit und der damit verbundenen Informationsbeschränkung auf jeder einzelnen Stufe begründet liegt. Leider lassen sich jedoch wenig allgemeine Aussagen zu diesem Problembereich machen, da die Verteilungen der Schätzfunktionen für Kointegrationsparameter und mit ihnen verbundene Teststatistiken von den Parametern des jeweils zugrundeliegenden Kointegrationsprozesses abhängen. Diese Abhängigkeit verschwindet – im Gegensatz zum Fall stationärer Variablen – sogar nicht einmal asymptotisch (vgl. zu dieser Frage besonders Phillips und Durlauf, 1986). Insofern ist es in der Regel auch nicht möglich, Standardabweichungen oder Konfidenzintervalle für die Schätzer der Kointegrationsparameter anzugeben.

Ebenfalls mit dem endlichen Stichprobenumfang hängt ein zweites Problem des Verfahrens zusammen: die Schätzung des Kointegrationsvektors hängt von der gewählten Normierung der Koeffizienten ab. Bekanntlich ergibt eine Regression von y auf x — wenn also der Koeffizient von y auf Eins normiert wird — als Schätzwert nicht den Kehrwert der Regression von x auf y, in der der Koeffizient von x gleich Eins gesetzt wird. Im bivariaten Fall ist das Produkt der beiden Schätzkoeffizienten gleich dem R^2 der Schätzung. Bei kointegrierten Variablen strebt das R^2 asymptotisch gegen Eins. In kleinen Stichproben bleibt jedoch das Problem der Unbestimmtheit aufgrund der willkürlichen Normierung bestehen. Typischerweise wird man sich bei der Auswahl der "abhängigen" Variablen auf die Theorie verlassen. So wird man zur Schätzung des Kointegrationsparameters von Konsum und Einkommen eher den Konsum als abhängige Variable wählen als das Einkommen. Im multivariaten Fall fällt die Entscheidung jedoch oft nicht mehr so leicht. Hier besteht dann eine Möglichkeit darin, die Schätzung mit dem höchsten R^2 zu verwenden (Jenkinson, 1986).

Zusätzlich zur Normierungsfrage entsteht im multivariaten Fall ein weiteres Problem: Die Möglichkeit des Vorhandenseins mehrerer Kointegrationsvektoren. Wenn mehr als ein Kointegrationsvektor existiert, stellt sich die Frage, welcher Vektor von der OLS—Methode geschätzt wird bzw. ob sich überhaupt eine eindeutige Schätzung ergibt. Asymptotisch kann diese Frage beantwortet werden: Da die OLS—Methode diejenige Linearkombination der Variablen bildet, die die geringste Reststreuung hat, wird sich asymptotisch auch eine eindeutige Schätzung desjenigen Kointegrationsvektors ergeben, dessen "zugehöriges" z_t die kleinste Varianz besitzt. In kleinen Stichproben allerdings können sich — neben allen übrigen Fehlerquellen — die verschiedenen Kointegrationsrelationen in unterschiedlicher und wechselnder Stärke bemerkbar machen. Dies kann dazu führen, daß relativ kleine Änderungen des Schätzzeitraumes zu relativ großen Änderungen der Parameterschätzungen führen. Die Schätzung "springt" gewissermaßen von einem Kointegrationsvektor zum anderen. Viele der verbreiteten Probleme in der praktischen Ökonometrie, insbesondere aber die Multikollinearität und das Problem der Parameterstabilität, können möglicherweise in diesem Licht neu behandelt werden.

Zusammenfassend läßt sich sagen, daß die Stärke des Granger–Engle–Verfahrens in der Behandlung des bivariaten Falls oder derjenigen multivariaten Modelle liegt, in denen davon ausgegangen werden kann, daß es nur einen Kointegrationsvektor gibt und in denen aus theoretischen Gründen eine klare Aufteilung der Variablen in "erklärte" und "erklärende" vorliegt. In anderen Situationen ist mit Schwierigkeiten bei der Interpretation der Ergebnisse zu rechnen.

2. Der "nichtlineare" Schätzer von Stock

a) Darstellung des Verfahrens

Stock (1987) hat als Alternative zum Granger–Engle–Verfahren einen Schätzer vorgeschlagen, der die Kointegrationsparameter und die Parameter der kurzfristigen Dynamik in einer Stufe schätzt. Dazu betrachtet er eine einzelne Gleichung der Fehlerkorrekturform des Modells. Im folgenden sei angenommen, daß es sich hierbei um die erste Gleichung handelt:

$$(4.4) \qquad \Delta x_{1t} = -\gamma_1 \lambda' x_{t-1} + \sum_{i=1}^{p-1} g_{1i} \Delta x_{t-i} + \epsilon_t.$$

g_{1i} ist die erste Zeile der Matrix G_i aus Gleichung 2.13. Als bei der Parameterschätzung zu minimierende Zielfunktion betrachtet er die Summe der quadrierten Abweichungen:

$$(4.5) \qquad \min S(\gamma_1, \lambda, g_{11}, ..., g_{1,p-1})$$
$$= \sum_{t=1}^{T} (\Delta x_t + \gamma_1 \lambda' x_{t-1} - \sum_{i=1}^{p-1} g_{1i} \Delta x_{t-i})^2.$$

Da γ_1 und λ multiplikativ miteinander verknüpft sind, nennt Stock sein Verfahren "Nichtlineare Methode der Kleinsten Quadrate". Typischerweise läßt sie sich allerdings, wie gleich zu zeigen sein wird, durch die gewöhnliche Methode der Kleinsten Quadrate ersetzen.

Zunächst muß wiederum eine geeignete Normierung für λ festgelegt werden. Hier bietet es sich an, in ähnlicher Weise wie beim Granger–Engle–Verfahren den Koeffizienten von x_{1t} gleich Eins zu setzen. Den Restvektor bezeichnen wir wieder mit φ. Nach dieser Festlegung können γ_1 und φ aus einer unbeschränkten

OLS–Schätzung der Gleichung (4.4) berechnet werden. Bezeichnet man die Koeffizienten der verzögerten Niveaugrößen mit δ_i, $i = 1, ..., n$, so lautet die unbeschränkte Form von Gleichung (4.4):

$$(4.6) \qquad \Delta x_{1t} = \delta_1 x_{1,t-1} + \delta_2 x_{2,t-1} + ... + \delta_n x_{n,t-1}$$
$$+ \sum_{j=1}^{p-1} g_{1j} \Delta x_{t-i} + \epsilon_t .$$

Aus Schätzungen für die δ_i lassen sich Schätzungen für γ_1 und φ wie folgt berechnen:

$$\hat{\gamma}_1 = \hat{\delta}_1,$$

$$\hat{\varphi}_i = \frac{-\hat{\delta}_i}{\hat{\delta}_1}, \qquad i = 1, ..., n{-}1.$$

Diese Berechnungen werden in Kapitel 6 anhand der Schätzung einer Geldnachfragefunktion illustriert.

b) Vor– und Nachteile des Verfahrens

Die Motivation für Stocks NLS–Schätzer besteht zum einen in einer Verallgemeinerung des Schätzers von Davidson, Hendry, Srba und Yeo (1978), die ein Fehlerkorrekturmodell für den Konsum unter der Restriktion einer Einkommenselastizität von Eins schätzten. Zum anderen könnte ein einstufiger Schätzer im Vergleich zum zweistufigen Granger–Engle–Verfahren Effizienzvorteile aufweisen (Stock, 1987, S. 6f.). Die schon in Abschnitt a2) angesprochene Untersuchung von Banerjee u.a. scheint diese Vermutung zu bestätigen. Allerdings weist Engle (1987) darauf hin, daß die Autoren für ihren Vergleich zwei verschiedene Modelle benutzten, von denen das zum Studium des NLS–Schätzers verwandte das erheblich einfachere ist. Auch Stock findet jedoch Effizienzvorteile des NLS–Schätzers und einen geringeren Bias, stellt aber fest, daß dieses Ergebnis von den spezifischen Parametern und Annahmen seines Simulationsmodells abhängen könnte. Die Anmerkungen, die in Abschnitt a2) zu dem Problem einer geeigneten Normierung der Koeffizienten und zur möglichen Existenz mehrerer kointegrierender Vektoren gemacht wurden, treffen auf den NLS–Schätzer in gleicher Weise zu. Zusätzlich stellt sich hier das Problem, welche Gleichung des Fehlerkorrekturmodells zur Schätzung des Kointegrationsvektors benutzt werden soll. Wenn der Ökonometriker den gesamten datenerzeugenden Prozeß modellieren möchte, wird er auch bei Verwendung des NLS–Schätzers zweistufig vorgehen müssen. Zunächst ist der Kointegrationsvektor mit Hilfe einer bestimmten Gleichung zu schätzen. Anschließend können auch die übrigen Parameter der weiteren Modellgleichungen (wiederum bei festgehaltenem $\hat{z}_{t-1}$) geschätzt werden. Ist man hingegen in erster Linie an der Schätzung des Kointegrationsvektors interessiert, so hat das Stocksche Verfahren den Nachteil, daß hierzu die gesamte Dynamik wenigstens einer Gleichung der Fehlerkorrekturform spezifiziert werden muß.

Die NLS–Methode dürfte in erster Linie bei der Schätzung der Parameter von echten Verhaltensgleichungen von Interesse sein. Hier ist die Wahl einer abhängigen Variablen sowie die Spezifikation des Modells (im Prinzip) schon von der ökonomischen Theorie vorgegeben und die Ökonometrie dient in erster Linie zur Schätzung der theoretisch interessanten Parameter. Diese Methode paßt daher von ihrer Philosophie her eher in die ökonometrische als in die zeitreihen-analytische Tradition.

3. Das Maximum–Likelihood–Verfahren von Johansen

a) Darstellung des Verfahrens

Das Maximum–Likelihood–Verfahren wurde von Johansen (1987) entwickelt. Es schätzt die Kointegrationsparameter und alle übrigen Parameter des Kointegrationsprozesses simultan. Johansen geht von Gleichung (2.13) in Kapitel 2 aus, die hier der besseren Übersicht halber noch einmal wiedergegeben sei:

$$(4.6) \qquad \Delta x_t = -A(1)x_{t-1} + G_1\Delta x_{t-1} + G_2\Delta x_{t-2} + \ldots$$

$$+ G_{p-1}\Delta x_{t-p-1} + \epsilon_t,$$

Die Parameter dieser n Gleichungen sollen unter der gleichungsübergreifenden Restriktion geschätzt werden, daß A(1) singulär ist und in der Form

$$(4.7) \qquad A(1) = \Gamma\Lambda'$$

geschrieben werden kann. Γ und Λ sind n×r–Matrizen von vollem Spaltenrang.

60

Zusätzlich nimmt Johansen an, daß die ϵ_t unabhängig über die Zeit normalverteilt sind mit Erwartungswert Null und Varianz–Kovarianzmatrix Ω:

$$\epsilon_t \sim \text{i. i. d. } N(0, \Omega).$$

Es ist an dieser Stelle zweckmäßig, zunächst noch eine etwas kompaktere Notation einzuführen, um die späteren Ableitungen übersichtlich zu halten. Wir definieren daher die folgenden Vektoren und Matrizen:

$$\Delta x_t^- = \begin{bmatrix} \Delta x_{1,t-1} \\ \Delta x_{2,t-1} \\ \vdots \\ \Delta x_{n,t-1} \\ \Delta x_{1,t-2} \\ \vdots \\ \Delta x_{n,t-2} \\ \vdots \\ \Delta x_{1,t-p+1} \\ \vdots \\ \Delta x_{n,t-p+1} \end{bmatrix}, \qquad X_{-1} = \begin{bmatrix} x_{10} & x_{20} & \cdots & x_{n0} \\ x_{11} & x_{21} & & x_{n1} \\ \vdots & \vdots & & \vdots \\ x_{1,t-1} & x_{2,t-1} & \cdots & x_{n,t-1} \\ \vdots & \vdots & & \vdots \\ x_{1,T-1} & x_{2,T-1} & & x_{n,T-1} \end{bmatrix},$$

$$\Delta X^- = \begin{bmatrix} \Delta x_{10} & \Delta x_{20} & \cdots & \Delta x_{n0} & \cdots & \Delta x_{1,-p+2} & \cdots & \Delta x_{n,-p+2} \\ \Delta x_{11} & \Delta x_{21} & \cdots & \Delta x_{n1} & \cdots & \Delta x_{1,-p+2} & \cdots & \Delta x_{n,-p+3} \\ \vdots & \vdots & & \vdots & & \vdots & & \vdots \\ \Delta x_{1,t-1} & \Delta x_{2,t-1} & \cdots & \Delta x_{n,t-1} & \cdots & \Delta x_{1,t-p+1} & \cdots & \Delta x_{n,t-p+2} \\ \vdots & \vdots & & \vdots & & \vdots & & \vdots \\ \Delta x_{1,T-1} & \Delta x_{2,T-1} & & \Delta x_{n,T-1} & & \Delta x_{1,T-p+1} & & \Delta x_{n,T-p+1} \end{bmatrix},$$

$$G = \begin{pmatrix} G_1 & \vdots & G_2 & \vdots & \cdots & \vdots & G_{p-1} \end{pmatrix},$$

$$\Delta X = \begin{bmatrix} \Delta x_{11} & \Delta x_{21} & \cdots & \Delta x_{n1} \\ \Delta x_{12} & \Delta x_{22} & \cdots & \Delta x_{n2} \\ \vdots & \vdots & & \vdots \\ \Delta x_{1t} & \Delta x_{2t} & \cdots & \Delta x_{nt} \\ \vdots & \vdots & & \vdots \\ \Delta x_{1T} & \Delta x_{2T} & & \Delta x_{nT} \end{bmatrix}, \qquad E = \begin{bmatrix} \epsilon_{11} & \epsilon_{21} & \cdots & \epsilon_{n1} \\ \epsilon_{12} & \epsilon_{22} & \cdots & \epsilon_{n2} \\ \vdots & \vdots & & \vdots \\ \epsilon_{1t} & \epsilon_{2t} & \cdots & \epsilon_{nt} \\ \vdots & \vdots & & \vdots \\ \epsilon_{1T} & \epsilon_{2T} & & \epsilon_{nT} \end{bmatrix}$$

Die $T{\times}n(p{-}1)$–Matrix ΔX^- faßt also die Beobachtungswerte aller verzögerten Differenzen über den gesamten Schätzzeitraum zusammen. Der Vektor Δx_t^- ist die t–te Zeile dieser Matrix. Die $n{\times}n(p{-}1)$–Matrix G enthält die zugehörigen

Koeffizienten.

Mit dieser Notation läßt sich das Modell (4.6) nun schreiben als:

$$(4.8) \qquad \Delta x_t = -\Gamma \Lambda' x_{t-1} + G \Delta \overline{x_t} + \epsilon_t,$$

oder

$$(4.9) \qquad \Delta X = -X_{-1} \Lambda \Gamma' + \Delta X^- G' + E.$$

Die logarithmierte Likelihoodfunktion für dieses Modell lautet unter den getroffenen Voraussetzungen:

$$(4.10) \qquad \ln L(\Lambda, \Gamma, G, \Omega \mid x_{-(p-2)}, x_{-(p-1)}, ..., x_T) = -\frac{T \cdot n}{2} \cdot \ln 2\pi - \frac{T}{2} \cdot \ln|\Omega|$$

$$-\frac{1}{2} \sum_{t=1}^{T} (\Delta x_t + \Gamma \Lambda' x_{t-1} - G \Delta \overline{x_t})' \Omega^{-1} (\Delta x_t + \Gamma \Lambda' x_{t-1} - G \Delta \overline{x_t}).$$

Da die quadratische Form hinter dem Summenzeichen ein Skalar ist, ein Skalar aber stets gleich seiner Spur ist, läßt sich (4.10) unter Berücksichtigung der Regel

$$\text{sp}(A'BC) = \text{sp}(BCA')$$

umformen zu:

$$(4.11) \qquad \ln L = \text{const.} - \frac{T}{2} \cdot \ln|\Omega|$$

$$-\frac{1}{2} \sum_{t=1}^{T} \text{sp}[\Omega^{-1}(\Delta x_t + \Gamma \Lambda' x_{t-1} - G \Delta \overline{x_t})(\Delta x_t + \Gamma \Lambda' x_{t-1} - G \Delta \overline{x_t})']$$

bzw.

$$(4.12) \qquad \ln L = \text{const.} - \frac{T}{2} \cdot \ln|\Omega|$$

$$-\frac{1}{2} \text{sp}[\Omega^{-1}(\Delta X' + \Gamma \Lambda' X_{-1}' - G \Delta X^{-\prime})(\Delta X + X_{-1} \Lambda \Gamma' - \Delta X^- G')].$$

Zur Maximierung dieser Funktion empfiehlt es sich, schrittweise vorzugehen. Zunächst bilden wir die partielle Ableitung von (4.12) nach der Matrix G und setzen diese gleich Null:

62

$$(4.13) \qquad \frac{\delta \ln L}{\delta G} = \Omega^{-1}(-\Delta X' \Delta \bar{X} - \Gamma \Lambda' X_{-1}' \Delta \bar{X} + G \Delta \bar{X}' \Delta \bar{X}) = 0.$$

Hierbei haben wir die Differentiationsregel

$$\frac{\delta \mathrm{sp}(AB')}{\delta B} = A$$

benutzt (vgl. Chow, 1983, S. 159). Aus (4.13) folgt:

$$(4.14) \qquad \hat{G} = (\Delta X' \Delta \bar{X} + \Gamma \Lambda' X_{-1}' \Delta \bar{X})(\Delta \bar{X}' \Delta \bar{X})^{-1}.$$

(4.14) in (4.12) eingesetzt ergibt:

$$(4.15) \qquad \ln L = \mathrm{const.} - \frac{T}{2} \cdot \ln |\Omega|$$

$$- \frac{1}{2} \mathrm{sp}[\Omega^{-1}(\Delta X' M_{\Delta \bar{X}}' + \Gamma \Lambda' X_{-1}' M_{\Delta \bar{X}})(M_{\Delta \bar{X}} \Delta X + M_{\Delta \bar{X}} X_{-1} \Lambda \Gamma')],$$

mit $\quad M_{\Delta \bar{X}} = (I - \Delta \bar{X}(\Delta \bar{X}' \Delta \bar{X})^{-1} \Delta \bar{X}')$.

Nun ist aber das Produkt von $M_{\Delta \bar{X}}$ und ΔX gleich der Matrix der Residuen der Regression von ΔX auf $\Delta \bar{X}$. Entsprechend ergibt das Produkt von $M_{\Delta \bar{X}}$ und $X_{-1} \Lambda \Gamma'$ die Matrix der Residuen der Regression von $X_{-1} \Lambda \Gamma'$ auf $\Delta \bar{X}$. Bezeichnet man erstere Matrix mit R_0 und letztere mit R_1, so läßt sich die nunmehr konzentrierte Likelihood schreiben als

$$(4.16) \qquad \ln L^c = \mathrm{const.} - \frac{T}{2} \cdot \ln |\Omega|$$

$$- \frac{1}{2} \mathrm{sp}[\Omega^{-1}(R_0' + \Gamma \Lambda' R_1')(R_0 + R_1 \Lambda \Gamma')].^{27}$$

Gleichung (4.16) kann nun bezüglich Γ und Ω maximiert werden. Ableitung nach Γ bzw. Ω^{-1} ergibt:

---

[27]Daß sich die Likelihood in der Form (16) schreiben läßt, ist eine Variante der bekannten Tatsache, daß OLS- Schätzungen sogenannte partielle Regressionskoeffizienten sind, d.h. den Einfluß einer Variablen nach Ausschaltung des Einflusses aller übrigen Variablen messen (vgl. Chow, 1983, S. 70).

$$(4.17) \qquad \frac{\delta \ln L}{\delta \Gamma} = \Omega^{-1}(R_0'R_1\Lambda + \Gamma\Lambda'R_1'R_1\Lambda) = 0$$

bzw.

$$(4.18) \qquad \frac{\delta \ln L}{\delta \Omega^{-1}} = \frac{T}{2}\Omega - \frac{1}{2}(R_0' + \Gamma\Lambda'R_1')(R_0 + R_1\Lambda\Gamma') = 0.$$

Hierbei wurden die Regeln

$$\frac{\delta \ln|A|}{\delta A} = A'^{-1} \quad \text{und wiederum} \quad \frac{\delta sp(AB')}{\delta B} = A$$

benutzt. (4.17) nach Γ aufgelöst ergibt:

$$(4.19) \qquad \hat{\Gamma}(\Lambda) = -S_{01}\Lambda(\Lambda'S_{11}\Lambda)^{-1}$$

mit den Momentenmatrizen der Residuen

$$(4.20) \qquad S_{ij} = R_i'R_j, \qquad\qquad i, j = 0, 1.$$

(4.18) nach Ω aufgelöst führt auf die bekannte Formel, daß die ML–Schätzung für Ω gleich der Varianz–Kovarianzmatrix der Schätzresiduen ist. Setzt man noch Gleichung (4.19) für $\hat{\Gamma}$ ein, so erhält man:

$$(4.21) \qquad \hat{\Omega}(\Lambda) = S_{00} - S_{01}\Lambda(\Lambda'S_{11}\Lambda)\Lambda'S_{10}.$$

Damit sind nun alle Parameterschätzfunktionen in Abhängigkeit von der noch unbekannten Matrix Λ ausgedrückt. Setzt man die Formeln für $\hat{\Gamma}$ und $\hat{\Omega}$ in die Likelihoodfunktion ein, so erhält man eine dreifach konzentrierte Likelihoodfunktion, die neben konstanten Gliedern nur noch die Determinante von $\hat{\Omega}(\Lambda)$ enthält:

$$(4.22) \qquad \ln L^{c^*} = \text{const.} - \frac{T}{2}\cdot\ln|\hat{\Omega}(\Lambda)|.$$

Das resultierende Problem besteht also in der Minimierung von

$$(4.23) \qquad |\hat{\Omega}(\Lambda)| = |S_{00} - S_{01}\Lambda(\Lambda'S_{11}\Lambda)^{-1}\Lambda'S_{10}|$$

bezüglich Λ. Zunächst formen wir die zu minimierende Determinante mit Hilfe einer Regel für Determinanten partitionierter Matrizen um. Ist A eine quadratische Matrix von der Form

$$A = \begin{bmatrix} A_{11} & A_{12} \\ A_{21} & A_{22} \end{bmatrix},$$

worin A_{11} und A_{22} als reguläre Untermatrizen vorausgesetzt seien, so gilt für die Determinante von A:

$$|A| = |A_{22}| \cdot |A_{11} - A_{12}A_{22}^{-1}A_{21}|$$

und
$$|A| = |A_{11}| \cdot |A_{22} - A_{21}A_{11}^{-1}A_{12}|$$

(siehe Dhrymes, 1978, S.37). Betrachtet man nun die Matrix

$$S = \begin{bmatrix} S_{00} & S_{01}\Lambda \\ \Lambda'S_{10} & \Lambda'S_{11}\Lambda \end{bmatrix}$$

mit der Determinante

$$\begin{aligned}
|S| \quad &= |\Lambda'S_{11}\Lambda| \cdot |S_{00} - S_{01}\Lambda(\Lambda'S_{11}\Lambda)^{-1}\Lambda'S_{10}| \\
&= |S_{00}| \cdot |\Lambda'S_{11}\Lambda - \Lambda'S_{10}S_{00}^{-1}S_{01}\Lambda|,
\end{aligned}$$

so erkennt man, daß die Minimierung von (4.23) gleichbedeutend ist mit der Minimierung von

$$(4.24) \qquad \frac{|\Lambda'S_{11}\Lambda - \Lambda'S_{10}S_{00}^{-1}S_{01}\Lambda|}{|\Lambda'S_{11}\Lambda|}.$$

Ähnliche Probleme sind aus der kanonischen Analyse (vgl. Anderson, 1984) und aus der sogenannten LIML–Schätzung (Limited Information Maximum Likelihood, vgl. Chow, 1983, Kap. 5.2) bekannt. Es ist jedoch an dieser Stelle sehr hilfreich, das Problem durch die Zusatzannahme zu vereinfachen, daß nur ein Kointegrationsvektor existiert. In diesem Fall sind alle Terme in (4.24) gewöhnliche quadratische Formen (d.h. Skalare) und die Determinantenstriche können fortgelassen werden. (4.24) vereinfacht sich zu

$$1 - \frac{\lambda'S_{10}S_{00}^{-1}S_{01}\lambda}{\lambda'S_{11}\lambda}.$$

Es bleibt somit das Problem, den Ausdruck

$$(4.25) \qquad R = \frac{\lambda'S_{10}S_{00}^{-1}S_{01}\lambda}{\lambda'S_{11}\lambda}$$

bezüglich λ zu maximieren. Differentiation nach λ ergibt:

$$\frac{dR}{d\lambda} = \frac{\lambda'S_{11}\lambda S_{10}S_{00}^{-1}S_{01}\lambda - \lambda'S_{10}S_{00}^{-1}S_{01}\lambda S_{11}\lambda}{(\lambda'S_{11}\lambda)^2}$$

$$= \frac{1}{\lambda'S_{11}\lambda}[S_{10}S_{00}^{-1}S_{01} - RS_{11}]\lambda = 0.$$

Dies ist ein homogenes Gleichungssystem in λ, das nur dann eine eindeutige Lösung besitzt, wenn die Determinante der in eckigen Klammern eingeschlossenen Matrix verschwindet:

$$(26) \qquad |S_{10}S_{00}^{-1}S_{01} - RS_{11}| = 0.$$

Die Lösung für λ beinhaltet also das Problem, zunächst die Eigenwerte R der Matrix $S_{10}S_{00}^{-1}S_{01}$ in der Metrik der Matrix S_{11} zu finden. Als Kandidaten für λ kommen die zu diesen Eigenwerten gehörenden Eigenvektoren in Frage.[28] Interessant ist, daß eine Lösung R des allgemeinen Eigenwertproblems (4.26) tatsächlich gleich dem zu maximierenden Ausdruck (4.25) ist. Aus

$$S_{10}S_{00}^{-1}S_{01}\lambda = RS_{11}\lambda$$

folgt nämlich nach Multiplikation mit λ' von links und Division durch $\lambda'S_{11}\lambda$:

---

[28]Ein Eigenwert μ von A in der Metrik von B erfüllt die Gleichung $Ax = \mu Bx$. Die Eigenvektoren x_i, $i = 1, ..., n$ lassen sich so normieren, daß sie die Bedingung $x_i'Bx_j = \delta_{ij}$ erfüllen. Faßt man die n (als verschieden angenommenen) Eigenvektoren in der Matrix X und die Eigenwerte in der Diagonalmatrix M zusammen, so zeigt sich, daß das System der Eigenvektoren die Matrizen A und B gleichzeitig diagonalisiert. Es gilt nämlich $X'BX = I$ und $X'AX = M$ (vgl. auch Zurmühl, 1964).

$$R = \frac{\lambda' S_{10} S_{00}^{-1} S_{01} \lambda}{\lambda' S_{11} \lambda}.$$

Da (4.25) zu maximieren ist, ist der größte Eigenwert zu wählen und als Schätzung für λ somit der zu dem größten Eigenwert gehörende Eigenvektor.

Nun ist es auch einfach, die Lösung für den allgemeinen Fall anzugeben, daß Λ eine n×r–Matrix ist. Normiert man nämlich die Eigenvektoren derart, daß $\lambda_i' S_{11} \lambda_j = \delta_{ij}$[29] gilt, und bezeichnet man die Diagonalmatrix aller n Eigenwerte mit D_r, so kann man das System der Eigenvektoren benutzen, um (4.24) zu vereinfachen. Da nun gilt

$$\Lambda' S_{11} \Lambda = I \qquad \text{sowie} \qquad \Lambda' S_{10} S_{00} S_{11} \Lambda = D_r,$$

wird (4.24) zu

$$(4.27) \qquad \frac{|\Lambda' S_{11} \Lambda - \Lambda' S_{10} S_{00}^{-1} S_{01} \Lambda|}{|\Lambda' S_{11} \Lambda|} = \frac{|I - D_r|}{|I|} = \prod_{i=1}^{n} (1 - R_i).[30]$$

Der Quotient (4.24) ist daher stets gleich dem Produkt der Eigenwerte von $S_{10} S_{00}^{-1} S_{01}$ in der Metrik von S_{11}. Wäre Λ eine reguläre n×n–Matrix, so wäre dieser Quotient mithin unabhängig von der Wahl von Λ, da

$$(28) \qquad \frac{|\Lambda' S_{11} \Lambda - \Lambda' S_{10} S_{00}^{-1} S_{01} \Lambda|}{|\Lambda' S_{11} \Lambda|} = \frac{|\Lambda'| \, |S_{11} - S_{10} S_{00}^{-1} S_{01}| \, |\Lambda|}{|\Lambda'| \, |S_{11}| \, |\Lambda|}$$

$$= \frac{|S_{11} - S_{10} S_{00}^{-1} S_{01}|}{|S_{11}|} = \frac{|I - D_r|}{|I|} = \prod_{i=1}^{n} (1 - R_i)$$

gilt. Ist Λ hingegen, wie im vorliegenden Fall, eine n×r–Matrix vom Rang r, so wird die Determinante minimal, indem man die r größten Eigenwerte R_i, $i = 1$, ..., r, und als Schätzung für die r Kointegrationsvektoren die zugehörigen

---

[29] δ_{ij} ist das Kronecker- Delta, das gleich Eins ist, wenn i gleich j ist und Null, wenn i ungleich j ist.

[30] Die Determinante einer Matrix ist gleich dem Produkt ihrer Eigenwerte. Alle Eigenwerte der Einheitsmatrix sind gleich 1.

Eigenvektoren wählt. Damit ist die Maximierung der Likelihoodfunktion abgeschlossen.

Die Eigenwerte haben eine interessante Interpretation als partielle kanonische Korrelationen zwischen ΔX und X_{-1}, nach Ausschaltung des Einflusses der verzögerten Differenzen (vgl. Johansen, 1987). Die Eigenvektoren bilden die zugehörigen kanonischen Variablen.[31]

Das Maximum der Likelihoodfunktion ergibt sich zu

$$(4.29) \qquad L_{max} = \text{const.} \cdot |S_{00}| \prod_{i=1}^{r} (1 - R_i)^{-T/2}.$$

Wie im folgenden Kapitel gezeigt wird, ist mit dieser Lösung ein sehr einfacher Likelihood–Ratio–Test auf Vorliegen von Kointegration verbunden.

Nachdem $\hat{\Lambda}$ festliegt, können $\hat{\Gamma}$ und $\hat{\Omega}$ nun leicht mit Hilfe der Formeln (4.19) bzw. (4.21) berechnet werden. Behält man die Normierung $\Lambda'S_{11}\Lambda = I$ bei, so vereinfachen sich diese zu

$$(4.30) \qquad \hat{\Gamma} = -S_{01}\hat{\Lambda}$$

bzw.

$$(4.31) \qquad \hat{\Omega} = S_{00} - S_{01}\hat{\Lambda}\hat{\Lambda}'S_{10}.$$

Die übrigen Parameter $\hat{G}$ können nach Formel (4.14) berechnet werden. Alternativ zur Verwendung dieser Formeln können auch gewöhnliche OLS–Regressionen von Δx_t auf $\hat{\Lambda}'x_{t-1}$ und Δx_t^- berechnet werden. Liegt Λ nämlich einmal fest, reduziert sich die gesamte ML–Schätzung auf eine OLS–Schätzung, wie dies bei der Schätzung reduzierter Formen ohne Parameterrestriktionen stets der Fall ist.

Selbstverständlich besteht die Möglichkeit, $\hat{\Lambda}$ jederzeit zu renormieren, so daß die Kointegrationsvektoren eine ökonomisch leicht interpretierbare Form annehmen.

---

[31]Kanonische Variablen sind Linearkombinationen von Variablen, die in zwei verschiedenen Variablenmengen unter dem Aspekt gebildet werden, daß ihre Korrelation maximal ist. Die k- te kanonische Korrelation ist die Korrelation zwischen den Linearkombinationen, die die k- t- höchste Korrelation aufweisen (vgl. Anderson, 1984, Kap. 12).

68

Von den übrigen Modellparametern wäre davon lediglich die Schätzung für Γ betroffen. $\hat{A}(1)$, $\hat{G}$, $\hat{\Omega}$ und auch der Wert der maximierten Likelihood sind unabhängig von der spezifischen Wahl von Λ. Konkret kann $\hat{\Lambda}$ mit jeder regulären $r \times r$–Matrix H multipliziert werden, ohne daß sich der Wert der Likelihoodfunktion ändert. Setzt man etwa $\hat{\Lambda}^{*} = \hat{\Lambda}H$, so erkennt man dies, indem man die einzelnen Schritte in (4.28) für $\hat{\Lambda}^{*}$ nachvollzieht. In diesem Sinn spricht Johansen davon, daß durch die Maximierung der Likelihoodfunktion lediglich ein Kointegrationsraum (nämlich ein r–dimensionaler Unterraum des $\mathbb{R}^n$) festgelegt werde (Johansen, 1987, S. 4).

b) Vor– und Nachteile des Verfahrens

Ein offensichtlicher Vorteil des Maximum–Likelihood–Schätzverfahrens besteht darin, daß es zu einer eindeutigen Schätzung der Kointegrationsvektoren führt. Diese Schätzung ist unabhängig von einer doch mehr oder weniger willkürlichen Normierung der Koeffizienten. Die eventuelle Normierung von $\hat{\Lambda}$ erfolgt ja nach der eigentlichen Schätzung und hat keinerlei Einfluß mehr auf die Schätzwerte für die identifizierbaren Parameter des Modells. Dieser Vorteil ist allerdings in gewissem Sinne rein ästethischer Natur.

Johansen hat gezeigt, daß die Schätzung des Kointegrationsraumes konsistent ist und daß Komponenten, die nicht zu diesem Raum gehören, mit der Rate T^{-1} verschwinden (1987, S. 11–23). Das asymptotische Verhalten ist also vergleichbar mit demjenigen des OLS– und des NLS–Schätzers. Möglicherweise kann in kleinen Stichproben ein gewisser Effizienzgewinn gegenüber diesen Verfahren erwartet werden, da bei der Schätzung von Λ mehr Informationen verarbeitet werden. Ein gewisser Hinweis auf diesen Effizienzgewinn ergibt sich aus der in Kapitel 7 dargestellten Prognosestudie. Allerdings ist zu beachten, daß die Verwendung von mehr Informationen in der Praxis ebenso zu einem Effizienzverlust führen kann; dann nämlich, wenn das richtige Modell nicht bekannt ist. In Unkenntnis der korrekten Spezifikation wird man oft gezwungen sein, zu viele Lags in die einzelnen Gleichungen aufzunehmen und infolgedessen Parameter mitzuschätzen, die in Wahrheit gleich Null sind. Die Auswirkungen von Vortests bezüglich der optimalen Laglänge auf die Schätzeigenschaften sind hingegen völlig unklar.

Ein weiterer Vorteil des ML–Verfahrens liegt darin, daß es sich ideal dazu eignet, mehrere Kointegrationsvektoren gleichzeitig zu schätzen. Die anderen Verfahren stießen hier auf erhebliche konzeptionelle Schwierigkeiten.[32] Wie im folgenden Kapitel zu zeigen sein wird, verbindet es sich zudem in sehr einfacher Weise mit einem Test auf die Anzahl der kointegrierenden Relationen.

Neben der umfangreichen Parametrisierung dürfte der Hauptnachteil des ML–Verfahrens in dem vergleichsweise großen Rechenaufwand liegen, bzw. darin, daß keine Standardsoftware zur Durchführung der Schätzung existiert. Allerdings wird neben gewöhnlichen OLS–Schätzungen nichts weiter als ein Programm zur Eigenwertberechnung benötigt. Zu beachten ist noch, daß das allgemeine Eigenwertproblem

$$S_{10}S_{00}^{-1}S_{01}\lambda - RS_{11}\lambda = 0$$

auf das spezielle Problem

$$S_{11}^{-1}S_{10}S_{00}^{-1}S_{01}\lambda - R\lambda = 0$$

zurückgeführt werden kann.[33]

---

[32]Stock und Watson (1987) haben allerdings ein Verfahren vorgeschlagen, das als Verallgemeinerung des Granger- Engle- Verfahrens angesehen werden kann und auf das Vorliegen mehrerer Kointegrationsvektoren zugeschnitten ist. Sie bilden die Prinzipalkomponenten, die den $n-r$ größten Eigenwerten der Kovarianzmatrix der untersuchten Variablen entsprechen. Da Prinzipalkomponenten Linearkombinationen von Variablen mit maximaler Varianz sind, sollten diese gute Schätzungen für die integrierten Komponenten von x sein. Entsprechend sind die r zu den kleinsten Eigenwerten gehörigen Prinzipalkomponenten Schätzungen für die kointegrierten Komponenten.

[33]Allerdings geht bei dieser Überführung im allgemeinen die Symmetrie verloren (Sowohl S_{11} als auch $S_{10}S_{00}^{-1}S_{01}$ sind ja symmetrisch). Da die Matrix S_{11} jedoch auch positiv definit ist, gilt $S_{11} = CC'$, worin C die orthogonale Matrix der gewöhnlichen Eigenvektoren von S_{11} multipliziert mit der Wurzel aus der Matrix der Eigenwerte ist. Definiert man $C'\lambda = \mu$ und multipliziert (4.32) von links mit C' $(=C^{-1})$ und vor λ mit C'C, so erhält man das spezielle Eigenwertproblem $C'S_{10}S_{00}^{-1}S_{01}C\mu - R\mu = 0$ mit nun symmetrischer und positiv definiter Matrix (vgl. Zurmühl, 1964, S. 194). Dieses Problem kann auch mit vielen PC- Programmsystemen gelöst werden.

Kapitel 5 Tests auf Kointegration

Besonders interessante und zum Teil ungelöste Fragestellungen sind mit der Problematik des Testens auf Kointegration verbunden. Diese Fragestellungen betreffen zum einen den Ansatzpunkt der Testverfahren, d.h. die Parametrisierung der Nullhypothese. Zum anderen betreffen sie die Verteilung der Teststatistiken, die sich zum Teil erheblich von den aus der klassischen Statistik bekannten Verteilungen unterscheiden. Einige dieser Probleme werden im Anschluß an die Illustration der Testverfahren in Kapitel 4 aufgegriffen. Hier soll zunächst eine Übersicht über gängige Testverfahren gegeben werden.

1. Der Durbin–Watson–Test

Der Durbin-Watson-Test (DW-Test) ist eng mit dem Granger-Engle-Schätzverfahren verbunden. Als Teststatistik dient die gewöhnliche Durbin-Watson-Statistik der Kointegrationsregression, die von nahezu jedem Programm zur Regressionsanalyse automatisch mit ausgegeben wird. Üblicherweise wird diese Statistik zum Test der Hypothese, daß keine Autokorrrelation der Störvariablen vorliegt, verwandt. Sargan und Bhargava (1983) erkannten jedoch, daß sich der Test ebensogut für einen Test der Nullhypothese, daß die Störvariablen einen random walk bilden, eignet.

Konkret testet der DW-Test üblicherweise die Hypothese, daß $\rho = 0$ ist in dem Ansatz

$$u_t = \rho u_{t-1} + \epsilon_t .$$

ϵ_t wird als weißes Rauschen vorausgesetzt. Die Teststatistik ist gegeben durch:

$$(5.1) \qquad DW = \frac{\sum_{t=2}^{T} (\hat{u}_t - \hat{u}_{t-1})^2}{\sum_{t=1}^{T} \hat{u}_t^{\,2}} .$$

Ihr Wertebereich liegt zwischen Null (perfekte positive Autokorrelation) und Vier (perfekte negative Autokorrelation). Mit zunehmendem T nähert sie sich dem

Wert $2(1 - \hat{\rho})$ an, wobei $\hat{\rho}$ der Autokorrelationskoeffizient 1. Ordnung der KQ–Residuen ist (vgl. Assenmacher, 1984, S. 147).

Sargan und Bhargava hingegen verwenden DW für den Test der Nullhypothese $\rho = 1$. Der Grundgedanke dieses Tests sei für den bivariaten Fall erläutert. Angenommen, zwei Variablen x_{1t} und x_{2t} seien integriert vom Grade Eins, aber nicht kointegriert. Jede Linearkombination dieser Variablen würde daher ebenfalls noch eine Einheitswurzel enthalten. Da die Schätzresiduen der OLS–Regression eine solche Linearkombination sind, müßte diese Nichtstationarität in ihnen sichtbar werden. Die Durbin–Watson–Statistik tendiert bei nicht kointegrierten Variablen somit gegen Null, da der Autokorrelationskoeffizient der Residuen gegen Eins strebt.[34]

Ein großer Vorteil dieses Tests ist zweifellos seine Einfachheit, da er bei jeder Kointegrationsregression vom Programm gleich mitgeliefert wird. Allerdings ist die Verteilung der DW–Statistik unter der neuen Nullhypothese schwierig zu ermitteln. Wie schon in dem von Durbin und Watson (1950, 1951) betrachteten Fall $\rho = 0$ stellt sich auch hier heraus, daß sie von vielerlei Faktoren abhängt, so von dem Stichprobenumfang, der Anzahl der Regressoren und von der Richtigkeit der Annahme eines autoregressiven Prozesses erster Ordnung für die Gleichgewichtsabweichungen. Die exakte Verteilung der Teststatistik ist daher für jeden datenerzeugenden Prozeß eine andere. Kritische Werte der DW–Statistik für Tests auf Kointegration sind bisher nur für den bivariaten Fall von Granger und Engle (1987) sowie von Engle und Yoo (1987) angegeben worden.

<u>Tabelle 5.1: Kritische Werte der Durbin–Watson–Statistik</u>

Modell / Umfang	Signifikanzniveaus		
	1%	5%	10%
1. Ordnung, T = 100	0.51	0.39	0.32
1. Ordnung, T = 200	0.29	0.20	0.16
4. Ordnung, T = 100	0.46	0.28	0.21
4. Ordnung, T = 200	0.13	0.08	0.06

---

[34]Da ein integrierter Prozeß ein unendliches Gedächtnis besitzt, streben alle Autokorrelationskoeffizienten mit zunehmendem T gegen Eins.

Die Werte in Tabelle 1 sind von Engle und Yoo (1987) übernommen. Die obere Hälfte enthält kritische Werte der DW–Statistik für verschiedene Stichprobenumfänge T, wenn die Modellvariablen durch unabhängige random walks erzeugt werden:

$$x_{1t} = x_{1,t-1} + \epsilon_{1t},$$
$$x_{2t} = x_{2,t-1} + \epsilon_{2t}, \qquad \epsilon_t \sim \text{i. i. d. } N(0, I), \; x_0 = 0.$$

Die untere Hälfte der Tabelle enthält kritische Werte für ein etwas komplizierteres Modell:

$$x_{1t} = x_{1,t-1} + u_{1t}, \qquad u_{1t} = 0.8u_{1,t-1} + \epsilon_{1t},$$

$$x_{2t} = x_{2,t-1} + \epsilon_{2t}, \qquad u_{2t} = 0.8u_{2,t-1} + \epsilon_{2t},$$

$$\epsilon_t \sim \text{i. i. d. } N(0, I), \; x_0 = 0.$$

Die Kointegrationsregression ist von der Form

$$x_{1t} = c + \varphi x_{2t} + z_t$$

Die Teststatistik wird nach Formel (5.2) mit Hilfe der $\hat{z}_t$ berechnet.

Wie ein Blick auf Tabelle 5.1 zeigt, entsteht bei der Anwendung dieses Tests ein Problem: die Werte für die unterschiedlichen Modelle unterscheiden sich auch bei einem Stichprobenumfang von T = 200 noch deutlich. Somit wird man in der Praxis stets eine gewisse Unsicherheit bezüglich des "korrekten" kritischen Wertes haben. Eine klare Vorstellung über die Größe eines kritischen Wertes ist jedoch eine unerläßliche Voraussetzung zumindest für die routinemäßige Anwendung eines Tests. Da diese Voraussetzung im Falle des DW–Tests nicht erfüllt zu sein scheint, wird er von Granger und Engle lediglich als erste Approximation empfohlen (1987, S. 269). Allerdings ist dieses Problem auch nicht gravierender als das Problem des Unschärfebereichs des gewöhnlichen Durbin-Watson-Tests. Oft werden sich in der konkreten Anwendung Werte der Teststatistik ergeben, die deutlich außerhalb des Bereichs liegen, in dem die kritischen Werte vermutet werden können.

2. Der Dickey–Fuller– und der erweiterte Dickey–Fuller–Test

Dieser Test wurde von Fuller (1976) sowie Dickey und Fuller (1979, 1981) ursprünglich entwickelt, um die bis dahin übliche, eher heuristische Vorgehensweise bei der Identifikation von ARIMA-Modellen zu verbessern. Die Frage, ob die Daten für ein Modell zunächst zu differenzieren waren, wurde in der Box–Jenkins–Tradition gewissermaßen "mit dem bloßen Auge" entschieden, durch eine genaue Inspektion der Autokorrelogrammfunktion (vgl. Granger und Weiss, 1982, S. 14). Dickey und Fuller boten demgegenüber als erste einen formalen Test zur Klärung der Frage, ob eine Zeitreihe eine Nichtstationarität in Form einer Einheitswurzel enthält, an. Dieser Test ist daher unter dem Namen "Dickey–Fuller–Test" (DF–Test) bekannt geworden.

Der Test beruht auf der "t–Statistik" von $\hat{b}$ in dem Modell

$$(5.2) \qquad \Delta x_t = -bx_{t-1} + \epsilon_t, \qquad \epsilon_t \sim \text{i. i. d. } N(0, \sigma^2).$$

Die Nullhypothese lautet: $b = 0$. Als Gegenhypothese fungiert die einseitige Alternative $b > 0$. Der Fall $b < 0$ entspräche einem explosiven Modell für x_t, das aus den Überlegungen ausgeschlossen wird. Allerdings ist bei Gültigkeit der Nullhypothese die "t–Statistik" nicht t–verteilt. Sie wird daher in der Literatur oft mit $\tau_{\hat{b}}$ bezeichnet. Dickey und Fuller leiteten die asymptotische Verteilung dieser Statistik her und tabellierten sie auch für Modelle, die zusätzlich noch ein Absolutglied und/oder eine Trendvariable enthalten. Einige Tabellen sind auch in Fuller (1976) abgedruckt.

Ist der datenerzeugende Prozeß für x_t jedoch kein autoregressiver Prozeß erster Ordnung, kann ϵ_t in (5.3) kein weißes Rauschen sein. Dickey und Fuller empfahlen daher, das Modell (5.3) um verzögerte Differenzen von x_t zu erweitern. Dies dient dazu, zunächst ein befriedigendes Modell zu finden, in dem das Störglied wenigstens annähernd "weiß" ist. Ihr erweitertes Modell lautet somit

$$(5.3) \qquad \Delta x_t = -bx_{t-1} + a_1\Delta x_{t-1} + \ldots + a_k\Delta x_{t-k} + \epsilon_t,$$

$$\epsilon_t \sim \text{i. i. d. } N(0, \sigma^2).$$

Als Teststatistik dient weiterhin die "t–Statistik" $\tau_{\hat{b}}$. Dieser Test heißt "erweiterter Dickey–Fuller–Test" (ADF–Test).[35] Die asymptotische Verteilung von $\tau_{\hat{b}}$ wurde von Dickey und Fuller für verschiedene Werte von k tabelliert.

Der DF–Test und der ADF–Test sind Integrationstests. Mit ihrer Hilfe läßt sich der Integrationsgrad einer Zeitreihe überprüfen. Erste Anwendungen in größerem Umfang fanden diese Tests bei Nelson und Plosser (1982), die mit ihrem einflußreichen Aufsatz die Vorstellung, daß makroökonomische Zeitreihen in guter Näherung als Realisationen von I(1)–Variablen aufgefaßt werden können, etablieren halfen.

Granger und Engle bemerkten, daß sich die Idee dieser Tests in idealer Weise auf das vorliegende Problem des Tests auf Kointegration übertragen ließe. Sie verwenden den DF–Test bzw. den ADF–Test für die Residuen $\hat{z}_t$ der Kointegrationsregression. Wenn in

$$(5.4) \qquad \Delta\hat{z}_t = -b\hat{z}_{t-1} + \epsilon_t$$

bzw. in

$$(5.5) \qquad \Delta\hat{z}_t = -b\hat{z}_{t-1} + a_1\Delta\hat{z}_{t-1} + ... + a_k\Delta\hat{z}_{t-k} + \epsilon_t$$

der Koeffizient $\hat{b}$ signifikant von Null verschieden ist, kann die Nullhypothese der Nichtkointegration verworfen werden. Allerdings können die Tabellen von Dickey und Fuller nicht übernommen werden, da der Test hier nicht auf Originalzeitreihen angewandt wird. Die Testverteilung muß vielmehr den Aspekt berücksichtigen, daß die $\hat{z}_t$ als Folge des KQ–Prinzips gewissermaßen mit dem Ziel gebildet werden, möglichst stationär zu erscheinen. Kritische Werte der Verteilung mußten daher, wie schon bei der DW–Statistik, durch Simulation ermittelt werden. Sie hängen neben dem Stichprobenumfang noch von der Anzahl der in dem Modell enthaltenen Variablen ab, da es umso leichter möglich ist, eine stationär aussehende Kombination nichtstationärer Variablen zu bilden, je mehr Variablen insgesamt zur Verfügung stehen. Die folgende Tabelle enthält Werte aus Granger und Engle (1987) sowie von Engle und Yoo (1987):

---

[35]ADF steht für "Augmented Dickey- Fuller.

Tabelle 5.2: Kritische Werte des DF- und des ADF-Tests[36]

| Teststatistik / | T = 100 | | | T = 200 | | |
Anzahl d. Variablen	1%	5%	10%	1%	5%	10%
DF/1	3.51	2.89	2.58	3.46	2.88	2.57
DF/1	4.04	3.45	3.15	3.99	3.43	3.13
DF/2	4.07	3.37	3.03	4.00	3.37	3.02
DF/3	4.45	3.93	3.59	4.35	3.78	3.47
ADF/2	3.73	3.17	2.91	3.78	3.25	2.98
ADF/3	4.22	3.62	3.32	4.34	3.78	3.51

Wie Tabelle 5.2 zeigt, hängen die kritischen Werte beider Tests sehr viel weniger vom Stichprobenumfang ab als dies beim DW–Test der Fall ist. Granger und Engle (1987) haben die Power verschiedener Tests im Rahmen einer Monte-Carlo-Studie untersucht und kamen zu dem Ergebnis, daß insbesondere der ADF–Test im Vergleich gut abschneidet. Deshalb wird dieser Test von den genannten Autoren empfohlen.

Bei der Anwendung des ADF–Tests entsteht natürlich das Problem der richtigen Wahl der Laglänge k. Eine Möglichkeit, dieses Problem zu lösen, besteht darin, Schritt für Schritt zusätzliche Lags zu berücksichtigen, bis die Residuen der Hilfsregression empirisch weißes Rauschen sind. Auch die Verwendung eines formalen Kriteriums wäre denkbar. Eine Übersicht über Auswahlkriterien, die in der ökonometrischen Literatur vorgeschlagen wurden, findet sich bei Judge u.a. (1980, Kap. 11). Allerdings ist völlig unbekannt, auf welche Weise und in welchem Ausmaß die Verwendung von Vortests formeller oder informeller Art zur Bestimmung der Laglänge das Signifikanzniveau und die Power des Tests beeinflußt. Leicht zu demonstrieren ist lediglich die Tatsache, daß die Wahl der Laglänge für den Ausgang des Tests entscheidend sein kann (vgl. z.B. Hansen, 1988a). Vermutlich geht gerade bei Aufnahme zu vieler Lags sehr viel Power verloren.

---

[36]Die ersten beiden Zeilen dieser Tabelle können für Tests auf *Integration* verwendet werden. Die erste Zeile enthält kritische Werte der t- Statistik, wenn ein Absolutglied mitgeschätzt wird, in der zweiten Zeile werden ein Absolutglied und ein Zeitindex mitgeschätzt. Die Werte sind entnommen aus Fuller (1976, S. 373). Der zugrundegelegte Stichprobenumfang beträgt für diese beiden Zeilen nicht 200, sondern 250.

Ähnlich wie der DW–Test sind auch der DF–Test und der ADF–Test leicht anwendbar und erfordern zu ihrer Berechnung lediglich zwei OLS–Regressionen.

3. Der Likelihood–Ratio–Test von Johansen

Dieser Test ergibt sich auf sehr naheliegende Weise aus der ML–Schätzung der Kointegrationsvektoren, die in Kapitel 4 dargestellt wurde. Dort wurde gezeigt, daß das Maximum der Likelihoodfunktion unter der Restriktion, daß r kointegrierende Vektoren existieren, proportional zu

$$(5.6) \qquad |S_{00}| \cdot \prod_{i=1}^{r} (1-R_i)^{-T/2}$$

ist. Die Nullhypothese für den LR–Test lautet, daß die Anzahl der kointegrierenden Vektoren höchstens gleich r ist. Darin ist der Test, ob "überhaupt" Kointegration vorliegt, eingeschlossen (man setze r = 0). Zu beachten ist, daß die Restriktion sich im Grunde auf den Rang der Matrix A(1) bezieht. Eine unrestringierte Schätzung von A(1) ergäbe ein Maximum der Likelihood proportional zu

$$(5.7) \qquad |S_{00}| \cdot \prod_{i=1}^{n} (1-R_i)^{-T/2}.$$

Da die Proportionalitätsfaktoren gleich sind, ist das Likelihoodverhältnis einfach das Verhältnis von (5.6) zu (5.7):

$$(5.8) \qquad LR = \prod_{i=r+1}^{n} (1-R_i)^{T/2}.$$

Dieses Verhältnis ist im Zusammenhang mit der ML–Schätzung sehr leicht zu berechnen, da für die Schätzung der Kointegrationsparameter ohnehin alle n Eigenwerte R_i berechnet werden müssen. Es sei an dieser Stelle noch einmal daran erinnert, daß die in (5.8) eingehenden R_i die *kleinsten* Eigenwerte des Problems (4.26) sind. Bei Gültigkeit der Nullhypothese streben diese gegen Null, da der Rang einer Matrix gleich der Anzahl ihrer von Null verschiedenen Eigenwerte ist. Das Likelihoodverhältnis strebt gegen Eins. Johansen (1987) hat (in einem sehr aufwendigen Beweis) die Verteilung der Teststatistik

$$(5.9) \qquad -2\ln LR = -T \sum_{i=r+1}^{n} \ln(1-R_i)$$

hergeleitet und ansatzweise vertafelt (siehe Tabelle 3). Der Kern der Herleitung besteht darin zu zeigen, daß eine Approximation an die Teststatistik (5.9) in ein bestimmtes Funktional der Brownschen Bewegung übergeht.

<u>Tabelle 5.3: Kritische Werte des Likelihood–Ratio–Tests</u>

n − r	10%	5%	2.5%
1	2.9	4.2	5.3
2	10.3	12.0	13.9
3	21.2	23.8	26.1
4	35.6	38.6	41.2
5	53.6	57.2	60.3

Mit Hilfe der Teststatistik (5.9) vereinfacht sich die praktische Arbeit bei der Modellierung von Kointegrationssystemen unter Umständen ganz erheblich. Man wird in einem ersten Schritt alle Eigenwerte sowie die zugehörigen Eigenvektoren des Problems (4.26) ermitteln und anschließend testen, wieviele Kointegrations-restriktionen wirksam sind. Die Schätzung aller übrigen Parameter erfolgt dann in Abhängigkeit vom Ergebnis dieser Tests und der so gefundenen Kointe-grationsvektoren.[37]

Obwohl es schwer sein dürfte, die Optimalität des LR–Tests unter genau zu definierenden Umständen zu beweisen, bringt er doch, wie Engle (1987) bemerkt, nach dem Neyman–Pearson–Lemma alle Voraussetzungen mit, zumindest für ein festes r ein optimaler Kointegrationstest zu sein.

<u>4. Weitere Tests auf Kointegration</u>

Stock und Watson (1987) haben einen weiteren Test auf Vorliegen von Kointe-

---

[37]Dieses Verfahren entspricht dem in der Ökonometrie üblichen sequentiellen Vorgehen, wobei der Effekt auf das Signifikanzniveau des Tests vernachlässigt wird.

gration vorgeschlagen, der ähnlich wie der Likelihood-Ratio-Test auch die Existenz mehrerer Kointegrationsvektoren vorsieht. Dieser Test basiert auf den in Fußnote (32) zu Kapitel 4 beschriebenen Prinzipalkomponenten der untersuchten Zeitreihen. Stock und Watson bilden die Auto– und Kreuzkorrelationsmatrix erster Ordnung dieser Prinzipalkomponenten. Diese Matrix hat unter der Nullhypothese, daß (höchstens) r Kointegrationsvektoren vorliegen, $n{-}r$ Einheitswurzeln. Ihr Test testet daher die Hypothese, daß mindestens $n{-}r{+}1$ Einheitswurzeln vorliegen. Ein Vorteil dieses Tests besteht darin, daß er, ebenso wie der LR–Test, unabhängig von a–priori-Normierungen bestimmter Koeffizienten ist. Im Gegensatz zu diesem fehlt ihm allerdings die Fundierung in einem tieferliegenden Prinzip.

Tests, die eher mit dem Dickey–Fuller–Test verwandt sind, wurden von Phillips (1987) vorgeschlagen. Sie unterscheiden sich vom DF– bzw. ADF–Test vor allem dadurch, daß sie die Möglichkeit eines komplizierten ARMA–Prozesses für die Störvariable der Hilfsregression ((5.3) oder (5.4)) zulassen. Wie der DF–Test wurden sie für Originalreihen konzipiert. Erfahrungen im Zusammenhang mit Kointegrationstests liegen nach Wissen dieses Autors noch nicht vor.

Eine Reihe weiterer Tests wurden von Granger und Engle (1987) untersucht und aufgrund zu geringer Power verworfen.

Vorstellbar sind natürlich auch Tests im Frequenzbereich, wie an anderer Stelle ebenfalls von Phillips vorgeschlagen. So könnte man die Hypothese, daß die Kohärenz zweier Variablen bei der Frequenz Null gleich Eins ist, als Nullhypothese wählen.[38] Ob mit dieser Verlagerung des Problems in den Frequenzbereich die Güte der Tests verbessert werden könnte, erscheint jedoch sehr fraglich, wenn man bedenkt, daß Spektralschätzungen bei der Frequenz Null ohnehin mit Vorsicht zu interpretieren sind (vgl. Granger u. Newbold, 1977).

5. Tests auf Restriktionen bezüglich der übrigen Modellparameter

Wie in den bisherigen Abschnitten dieses Kapitels deutlich wurde, gehören die Verteilungen der im Zusammenhang mit Kointegrationstests auftretenden

---

[38]Da die langfristigen Komponenten kointegrierter Variablen perfekt miteinander korreliert sind, ist ihre Kohärenz bei der Frequenz Null gleich Eins. Für weitere Eigenschaften im Frequenzbereich siehe Granger und Weiss (1982).

Teststatistiken nicht zu den "Standardverteilungen" (t–, χ^2–, F–, Normalverteilung), denen die meisten im Rahmen der Ökonometrie verwendeten Teststatistiken folgen. Mindestens aber die "unit–root–distribution" von Dickey und Fuller hat gute Aussichten, selbst einmal eine solche Standardverteilung zu werden, da sie in vielen anderen Verteilungen – so bei Phillips und auch bei Johansen – als Spezialfall enthalten ist.

In diesem Zusammenhang stellt sich die Frage nach der Verteilung der Parameterschätzungen für die übrigen Parameter des Fehlerkorrekturmodells und der bekannten Teststatistiken. Diese Frage läßt sich generell so beantworten, daß sich zumindest an den bisher bekannten asymptotischen Ergebnissen nichts ändert. Für das Granger-Engle-Verfahren und den NLS–Schätzer ist dies von Stock gezeigt worden: "Both the NLS and the two step OLS (Granger-Engle-Schätzer; d. Verf.) estimators have a limiting normal distribution converging at rate $T^{1/2}$. In addition, the covariance matrix of the limit distribution is estimated consistently by conventional least squares computer packages, and the two step OLS and NLS estimators are asymptotically independent of the respective estimators of the cointegrating vectors." (Stock, 1987, S. 1044).

Die Ursache dieses Ergebnisses liegt in der schon in Kapitel 4 angesprochenen "Superkonsistenz" des Schätzers des Kointegrationsvektors. Asymptotisch basieren alle Parameterschätzungen und Teststatistiken, mit Ausnahme derjenigen für Kointegrationsvektoren, auf stationären Variablen. Zentrale Grenzwertsätze der bekannten Art sind daher generell anwendbar. Die Voraussetzungen für die Anwendbarkeit der üblichen t–, F– und χ^2–Tests, die in kleinen Stichproben bei integrierten Variablen natürlich verletzt sind, sind asymptotisch daher wieder erfüllt. Die Superkonsistenzeigenschaft hat zur Folge, daß die Grenzverteilung aller Schätzfunktionen in Abhängigkeit von einer konsistenten Schätzung für den Kointegrationsvektor identisch ist mit ihrer Grenzverteilung bei Kenntnis des wahren Kointegrationsvektors.

Kapitel 6 Kointegration und die ökonometrische Erklärung der Geldnachfrage in der Bundesrepublik Deutschland

1. Vorbemerkungen

In diesem Kapitel wird die bisher dargestellte Theorie mit Leben erfüllt. Anhand der Modellierung der Geldnachfrage werden die verschiedenen Schätz- und Testverfahren für kointegrierte Variablen illustriert. Dabei wird sich zeigen, insbesondere bei den Tests, daß in der Praxis durchaus mit unklaren oder widersprüchlichen Ergebnissen gerechnet werden muß. Dies ist allerdings kein spezielles Problem von Kointegrationstests, sondern tritt auch bei der empirischen Anwendung anderer Konzepte auf (so. z.B. bei Tests auf Vorliegen von Rationalen Erwartungen oder Granger–Kausalität). Die wenigsten substantiellen Fragen in der Ökonomie können durch Anwendung formaler Tests allein entschieden werden. In der Regel muß der einzelne Forscher, in einem quasi–Bayesianischen Verfahren, das Gewicht unterschiedlicher Ergebnisse gegeneinander abwägen und auf dieser Grundlage begründete Entscheidungen treffen.[39]

Über die Illustration der Schätz- und Testverfahren hinaus stellt dieses Kapitel einen eigenständigen empirischen Beitrag zur Untersuchung der Geldnachfragefunktion dar. Es ist daher auch für den Leser interessant, der sich weniger für Kointegration als für die Geldnachfragefunktion interessiert. In Abschnitt 6.2 wird die Auswahl und Definition der in dieser Funktion enthaltenen Variablen diskutiert, in Abschnitt 6.3 wird ein empirisches Modell der Geldnachfrage entwickelt und in Abschnitt 6.4 wird die Frage der Parameterstabilität behandelt. Dort wird auch ein spezieller Likelihood–Ratio–Test zur Unterscheidung der Stabilität von "kurzfristigen" und "langfristigen" Parametern entwickelt. Abschnitt 6.5 schließlich enthält einige allgemeine Bemerkungen zum Testproblem in der Ökonometrie.

---

[39]Vgl. dazu die Aussage von Leamer: "The mapping is the message"; (Leamer, 1983). Gemeint ist, daß die eigentliche Botschaft einer Forschungsarbeit in dem Weg liegt, auf dem der Forscher von a- priori gehaltenen Vermutungen zu seinen publizierten Ergebnissen kam.

2. Zur Spezifikation der Geldnachfragefunktion

Neben der Konsumfunktion gehört die makroökonomische Geldnachfragefunktion
zu den am gründlichsten erforschten ökonomischen Beziehungen. Aus diesem
Grunde kann es im Rahmen einer eher methodisch ausgerichteten Arbeit nicht
möglich sein, auf alle Verzweigungen der wissenschaftlichen Diskussion einzugehen. Dennoch sei diesem Abschnitt eine kurze Übersicht über Fragen zur
Spezifikation der Geldnachfragefunktion vorangestellt.

Die Ursache für das ausgeprägte Interesse an den Eigenschaften und der genauen
Gestalt dieser Funktion ist ihre zentrale Stellung in den wichtigsten
konkurrierenden makroökonomischen Theorien. In der frühen keynesianischen
Theorie stand die Zinsabhängigkeit der Geldnachfrage im Zentrum des Interesses,
da Zinssatzänderungen als wichtigster Transmissionsmechanismus der Geldpolitik
angesehen wurden.[40] So beschäftigten sich auch die ersten ökonometrischen
Untersuchungen zur Geldnachfrage vornehmlich mit der Größe ihrer Zinselastizität (Brown, 1939; Tobin, 1947; Khusro, 1952) und bis heute steht diese
Elastizität im Mittelpunkt empirischer Untersuchungen (z.B. Cooley und Leroy,
1981). Für Monetaristen hingegen ist die Zinselastizität der Geldnachfrage von
untergeordneter Bedeutung, da für sie eine direkte Beziehung zwischen gesamt-
wirtschaftlichem Geldbestand und gesamtwirtschaftlichen Ausgaben besteht (vgl.
z.B. Friedman, 1969). Auf der anderen Seite ist die Stabilität der Geldnachfragefunktion für die monetaristische Schule von absolut zentraler Bedeutung, da die
Wirksamkeit ihrer politischen Empfehlungen in hohem Maße davon abhängt. So
ist es nicht verwunderlich, daß ein Aufsatz von Goldfeld (1976), in dem er einen
Strukturbruch in dieser Funktion im Jahre 1973 diagnostizierte, eine heftige
Diskussion über die Stabilität der Geldnachfragefunktion auslöste, die bis heute
nicht abgeschlossen ist (vgl. z.B. Judd und Scadding, 1982 oder Buscher, 1984).

Trotz der gründlichen Erforschung dieser Funktion durch viele Autoren und für
viele Länder bietet sie nach wie vor Anlaß zu Kontroversen und
Verbesserungsvorschlägen. Allerdings besteht weitgehend Einigkeit über die
Frage, wie die Geldnachfrage grundsätzlich zu modellieren ist, d.h. welche

---

[40]Auch das Gespenst der sogenannten "Liquiditätsfalle", einer beinahe unendlichen Zinselastizität
der Geldnachfrage, geisterte noch durch die Diskussionen jener Jahre.

Variablen potentiell in diese Funktion gehören und welche nicht. Ein großer Teil der Untersuchungen befaßt sich mit der Wahl der "richtigen" Einkommensgröße oder des geeigneten Zinssatzes, der Spezifikation in nominaler oder realer Form, der angemessenen Berücksichtigung von Lags, oder der Aufnahme neuer Variablen, um bisherige Erklärungsdefizite zu beseitigen. Wenn all diese Spezifikationsmöglichkeiten kombiniert werden, entsteht natürlich eine beinahe endlose Zahl von Permutationen. Dennoch scheint es im Fall der Geldnachfrage möglich zu sein, einen harten Kern der Theorie festzustellen. Gerade dieser harte Kern ist es aber, der in eine enge Verbindung zum Konzept der Kointegration gebracht werden kann. Die Theorie der Geldnachfrage bietet daher eine gute Möglichkeit, die Eignung dieses Konzepts zur Konstruktion ökonometrischer Modelle zu überprüfen.

Die einfachste Form der Geldnachfragefunktion, die sowohl in Lehrbuchtexten als auch in empirischen Arbeiten den Ausgangspunkt zur Untersuchung der Geldnachfrage bildet, spezifiziert die gewünschte Realkasse als abhängig vom Einkommen und einem geeigneten Zinssatz:

$$(6.1) \qquad \frac{M}{p} = aY^{\beta} i^{\gamma}.$$

Hierin ist M die nominale Geldmenge, Y das reale Einkommen, p ein Preisindex und i ein nominaler Zinssatz. Nach Logarithmierung läßt sich (6.1) in linearer Form schreiben als:

$$(6.2) \qquad \ln M - \ln p = \alpha + \beta \ln Y + \gamma \ln i,$$

worin $\alpha = \ln a$ ist. Die Parameter β und γ geben die Einkommenselastizität und die Zinselastizität der Geldnachfrage an. Während die Annahme einer konstanten Einkommenselastizität durchaus plausibel erscheint, ist die Annahme einer konstanten Zinselastizität allerdings problematisch, da der Zinssatz selber bereits eine relative Änderung (nämlich des angelegten Vermögens) angibt. Eine sinnvolle alternative Spezifikation ist daher durch (6.3) oder (6.4) gegeben:

$$(6.3) \qquad \frac{M}{p} = aY^{\beta}(1+i)^{\gamma},$$

$$(6.4) \qquad \ln M - \ln p = \alpha + \beta \ln Y + \gamma i.$$

Beim Übergang von Gleichung (6.3) zu Gleichung (6.4) wurde die Approximation $\ln(1+i) \approx i$ verwandt. In empirischen Arbeiten finden sich sowohl Ansätze, die den Zinssatz logarithmiert enthalten, als auch solche, die ihn als Niveaugröße verwenden.

Realkasse wird aus zwei unterschiedlichen Motiven nachgefragt: aus dem Transaktionsmotiv und aus dem Vermögenshaltungsmotiv. Der letztere Begriff sei hier verstanden als eine Zusammenfassung weiterer in der Literatur unterschiedener Begriffe wie Vorsichtsmotiv oder Spekulationsmotiv, da sie alle eine zumindest temporäre Funktion des Geldes als Wertaufbewahrungsmittel implizieren. Bekanntlich lassen sich jedoch sowohl zu Transaktionszwecken als auch zu Wertaufbewahrungszwecken auch andere Güter und Aktiva verwenden als Geld. Die Abgrenzung, welche Güter bzw. Aktiva Geld darstellen und welche nicht, ist daher schwierig und kann letzlich nur nach pragmatischen Gesichtspunkten entschieden werden. Folglich können sinnvolle Nachfragefunktionen der oben angegebenen Form für eine ganze Reihe von Abgrenzungen der Geldmenge formuliert werden. Mit den unterschiedlichen Abgrenzungen des Geldbegriffes müssen natürlich auch dazu passende Abgrenzungen der Einkommens– und Zinsvariablen einhergehen. In diesem Kapitel wird ausschließlich die Abgrenzung der Deutschen Bundesbank für die umlaufende Geldmenge M1 (Bargeld im Besitz des Nichtbankensektors und Sichteinlagen) betrachtet. Da M1 das am stärksten transaktionsorientierte Konzept ist, wird für diese Gelddefinition das Bruttosozialprodukt der laufenden Periode vielfach als die am besten geeignete Einkommensvariable angesehen. Unter Wertaufbewahrungsgesichtspunkten stellen kurzfristige Finanzanlagen ein enges Substitut für Sichteinlagen dar (Carmichael und Stebbing, 1983). Ein relevanter Zinssatz zur Erfassung der Opportunitätskosten der Geldhaltung ist daher der Zinsatz für Dreimonatsgeld, der zudem den Vorteil hat, in seiner Laufzeit mit der fundamentalen Periode bei Verwendung von Quartalsdaten übereinzustimmen.[41] Neben der Frage nach der zweckmäßigen Abgrenzung der Variablen stellt sich die Frage nach weiteren eventuell relevanten Bestimmungsfaktoren der Geldnachfrage. Zunächst böte es sich an,

---

[41]Wählt man anstelle von M1 M2 oder M3 als Abgrenzung der Geldmenge, so tritt die Bedeutung des Bruttosozialprodukts der laufenden Periode zurück hinter längerfristig ausgerichteten Meßgrößen des Einkommens wie dem permanenten Einkommen. Als relevanter Zinssatz bietet sich eher ein langfristiger Zinssatz an, etwa die Emissions- oder Umlaufsrendite langfristiger Wertpapiere.

anstelle eines einzigen Zinssatzes ein ganzes Spektrum von Zinssätzen zu berücksichtigen, da im Prinzip alle verzinslichen Anlageformen, unabhängig von ihrer Laufzeit oder von sonstigen speziellen Charakteristika, in gewissem Ausmaß Substitute für Kassenhaltung darstellen. Tatsächlich sind in der Literatur viele Experimente mit unterschiedlichen Zinssätzen gemacht worden (vgl. dazu die Übersicht bei Laidler, 1985, S. 131ff.) und in vielen Fällen ergaben sich auch Verbesserungen der Erklärungskraft. Auf der anderen Seite sind die verschiedenen Zinssätze — bzw. die für sie maßgeblichen Kapitalmärkte — so eng miteinander verbunden, daß sich längerfristig kaum größere Unterschiede im Zeitreihenverhalten vieler Zinssätze ausmachen lassen. Aufgrund der damit verbundenen Multikollinearität ist der Einfluß eines einzelnen Zinssatzes im Rahmen einer multiplen Regression daher oft nicht zu isolieren. Höchstens die Beschränkung auf einen repräsentativen kurzfristigen und einen repräsentativen langfristigen Zinssatz verspricht noch interpretierbare Resultate.

Eng verwandt mit dem Problem der Berücksichtigung verschiedener Zinssätze ist die Frage, ob die Inflationsrate eine zusätzliche Bestimmungsgröße der Geldnachfrage ist. Auf der einen Seite ist vermutlich mindestens ein Teil der erwarteten Inflationsrate in nominalen Zinssätzen berücksichtigt,[42] so daß die erwartete Inflationsrate auf diesem Weg einen Einfluß auf die Geldnachfrage ausübt. Die Frage ist jedoch, ob über diesen indirekten Effekt hinaus ein weitergehender Einfluß vorhanden ist. Eine theoretische Begründung hierfür bestünde in einer substitutionalen Beziehung zwischen Geld— und Güterhaltung. Sind Geld und Güter Substitute, so werden in Zeiten hoher Inflationsraten die Wirtschaftssubjekte zu einer erweiterten Vorratshaltung übergehen, um auf diese Weise der Wertminderung des Geldes entgegenzuwirken. In empirischen Untersuchungen ist ein Einfluß der Inflationsrate jedenfalls oft festgestellt worden (vgl. wiederum die Übersicht bei Laidler, 1985, S. 133f.).

Friedman (1956) leitet eine Geldnachfragefunktion her, in der nicht das gegenwärtige Einkommen, sondern ein umfassender Vermögensbegriff die zentrale Bestimmungsgröße für die gewünschte Realkasse ist. Friedmans Vermögensgröße enthält neben dem Wert der Finanz— und Sachaktiva auch den Wert des

---

[42]Diese Vermutung ist allerdings durch Carmichael und Stebbing (1983) in Frage gestellt worden. Carmichael und Stebbing präsentieren stattdessen Evidenz für ihre "inverse Fisher- Relation", nach der es der Realzins ist, der sich an Änderungen der Inflationsrate anpaßt.

Humankapitals. Dieser Vermögensbegriff hat jedoch den Nachteil, daß er schwer meßbar ist. In den meisten Ländern existieren zuverlässige Daten nicht einmal über das gesamte Nichthumankapital. Um dieses Problem zu umgehen, kann der Wert des Vermögens — zumindest theoretisch — in das sogenannte permanente Einkommen umgerechnet werden, da das Vermögen als diskontierte Summe aller künftigen Einkommensströme aufgefaßt werden kann. Definiert man das permanente Einkommen als denjenigen konstanten Zahlungsstrom, dessen Gegenwartswert gleich dem Gegenwartswert der tatsächlich erwarteten Einkommensfolge ist, so ergibt sich die Möglichkeit, auf eine Vermögensvariable ganz zu verzichten. Natürlich ist die Messung des permanenten Einkommens ebenfalls nicht unproblematisch, da sie die Modellierung der Erwartungen zukünftiger Einkommen voraussetzt. In früheren Untersuchungen zur Geldnachfrage ist gelegentlich ein adaptives Erwartungsbildungsmodell zur Berechnung des permanenten Einkommens benutzt worden, das allerdings den Nachteil hat, nicht alle relevanten Informationen zur Prognose zukünftiger Einkommen zu berücksichtigen. Diese Methode ist daher von den Verfechtern der Theorie rationaler Erwartungen kritisiert worden. Allerdings ist bisher im Rahmen der Geldnachfragetheorie bisher noch nicht versucht worden, rationale Erwartungen zur Schätzung des permanenten Einkommens zu verwenden.[43]

Andere Variablen, die im Rahmen einer Geldnachfragefunktion Berücksichtigung gefunden haben, sind der Reallohnsatz (z.B. Dutton und Gramm, 1973), die Variabilität der Inflationsrate (Klein, 1977), das Preisniveau (Meltzer, 1963; Laidler, 1971; Friedman und Schwartz, 1982), konstruierte Meßgrößen für Angebotsschocks (Gordon, 1984) sowie Variablen, die institutionelle und technische Veränderungen erfassen sollen (Bordo und Jonung, 1981).

Wie läßt sich die umfangreiche Debatte um die Geldnachfragefunktion, von der hier ja lediglich ein kleiner Teil wiedergegeben werden konnte, nun im Sinne des Themas dieser Arbeit interpretieren? Genau genommen bildet die Theorie der Geldnachfrage ein beinahe ideales Testfeld, um die Tragfähigkeit des Kointegrationskonzeptes zu studieren. Die Theorie läßt sich elegant aufspalten in einen harten Kern, der etwa durch die Gleichungen (6.2) oder (6.4) gegeben ist, und

---

[43]Im Rahmen einer Studie zur Konsumfunktion ist das permanente Einkommen von Flavin (1981) mit Hilfe des Konzeptes rationaler Erwartungen gebildet worden.

eine Fülle von dynamischen Einflüssen, denen durch Anpassungsmodelle, Erwartungsbildung, oder durch die Berücksichtigung von Sonderfaktoren Rechnung getragen werden muß. Dem harten Kern entspricht eine Kointegrationsbeziehung. Alle übrigen Faktoren wird man, soweit möglich, in einem Fehlerkorrekturmodell berücksichtigen. Die folgenden Schätzergebnisse sollen die Möglichkeiten dieser Modellierungsstrategie illustrieren, gleichzeitig jedoch auch ihre Grenzen sichtbar machen.

3. Ergebnisse

Langfristige ökonomische Beziehungen benötigen lange Zeiträume, um in ihrer Wirksamkeit klar hervorzutreten. Infolgedessen ist es für statische Regressionen, mit denen ein Kointegrationsvektor geschätzt werden soll, in der Regel wünschenswert, einen möglichst langen Schätzzeitraum zur Verfügung zu haben.[44] Der Zeitraum für die folgenden Schätzungen wurde daher so lang gewählt, wie es mit den vorhandenen Daten unter Berücksichtigung der notwendigen Differenzenbildung und von Lags bis zu sechs Quartalen (bei der ML–Schätzung) möglich war. Er reicht vom 4. Quartal 1961 bis zum 4. Quartal 1987 und umfaßt somit 105 Quartale. Als Meßgröße für die reale Geldmenge (in Zukunft mit m_t bezeichnet) wird der Logarithmus der Geldmenge M1, dividiert durch den Deflator des Bruttosozialprodukts (p_t), gewählt.[45] Als Einkommensvariable (bsp_t) fungiert das Bruttosozialprodukt der laufenden Peride, deflationiert mit demselben Preisindex und ebenfalls logarithmiert. Der Zinssatz (i_t) ist der Satz für Dreimonatsgeld am Frankfurter Geldmarkt. Die Quellen der Daten sind im Anhang angegeben. Alle Daten sind nicht saisonbereinigte Ursprungsreihen. Weder der optische Eindruck (vgl. Abb. 2.1 in Kapitel 2) noch die Schätzergebnisse legen eine Nichtstationarität der Saisonstruktur der hier verwendeten Zeitreihen nahe. Daher erschien

---

[44]Bei der Schätzung von Kointegrationsparametern ist, im Unterschied zu "gewöhnlichen" Parametern, nicht allein die Anzahl der Beobachtungen entscheidend, sondern tatsächlich die Länge des Schätzzeitraumes. Dies liegt darin begründet, daß eine Verkürzung des Aufzeichnungsintervalls per se keine zusätzliche Informationen über langfristige Zusammenhänge liefert.

[45]Von anderen Autoren wird manchmal der Konsumgüterpreisindex oder der Preisindex der privaten Lebenshaltung bevorzugt. Erfahrungsgemäß sind jedoch die Ergebnisse nur in geringem Maße von der Wahl des Preisindexes abhängig.

es zulässig, für das Fehlerkorrekturmodell Quartalsdifferenzen zu bilden. In alle Schätzungen wurden je drei Saisondummies aufgenommen. Die Schätzwerte für die Koeffizienten dieser Dummyvariablen werden in den Ergebnisübersichten jedoch nicht wiedergegeben.

Vor einer Untersuchung auf Kointegration sollte eine Untersuchung des *Integrationsgrades* der betrachteten Variablen stehen. In Tabelle 6.1 sind die Ergebnisse von Dickey-Fuller–Tests auf Integration von M1, Bsp und i wiedergegeben. In die Niveauansätze wurde zusätzlich zu der verzögerten Variablen auch ein Zeitindex aufgenommen.

<u>Tabelle 6.1: DF–Test für M1, BSP und i</u>[46]

Geschätzte Gleichung	Wert der DF – Statistik
$m_t = 0.47 + 0.91 m_{t-1} + 0.0007 t + \hat{S}_t$	2.49
$\Delta m_t = 0.007 + 0.28 \Delta m_{t-1} + \hat{S}_t$	7.60
$bsp_t = 0.65 + 0.88 bsp_{t-1} + 0.008 t + \hat{S}_t$	2.63
$\Delta BSP_t = 0.015 - 0.14 \Delta bsp_{t-1} + \hat{S}_t$	11.77
$i_t = 0.84 + 0.93 i_{t-1} - 0.0004 t + \hat{S}_t$	1.75
$\Delta i_t = 0.33 + 0.45 \Delta i_{t-1} + \hat{S}_t$	6.28

Dies ist bei trendbehafteten Variablen notwendig, da sonst der Koeffizient der verzögerten Variablen in der Nähe von Eins liegen muß. Die Nullhypothese für diese Modelle lautet jedoch, daß der Koeffizient der verzögerten Variablen gleich Eins und der Koeffizient des Zeitindexes gleich Null ist. Der kritische 5%–Wert für den Test dieser Hypothese beträgt bei einem Stichprobenumfang von 105 etwa 3.45 (vgl. Tabelle 5.2). Für keine der drei untersuchten Variablen wird die

---

[46]In dieser Tabelle sowie in allen im folgenden aufgeführten Schätzergebnissen steht $\hat{S}$ abkürzend für "geschätzte Saison".

Nullhypothese abgelehnt. Sie können also mindestens als I(1)–Variablen angesehen werden. Um die Frage zu untersuchen, ob die Variablen eventuell I(2) sind, wurden DF–Tests auch für die ersten Differenzen durchgeführt. In diese Regressionen wurde jedoch kein Zeitindex mehr aufgenommen, so daß der kritische DF–Wert jetzt in Zeile 1 von Tabelle 5.2 abzulesen ist. Er beträgt auf dem 5%–Niveau 2.89. Alle drei differenzierten Variablen scheinen diesem Test zufolge klar stationär zu sein. Was in dieser Arbeit bisher schon stillschweigend vorausgesetzt wurde, scheint sich also anhand dieser Tests zu bestätigen: ökonomische Variablen können häufig in guter Näherung als Realisationen einfach integrierter stochastischer Prozesse aufgefaßt werden. Nachdem nun etabliert ist, daß die Logarithmen von M1, dem Bruttosozialprodukt und dem Zinssatz für Dreimonatsgeld am Frankfurter Geldmarkt integriert vom Grade Eins sind, kann untersucht werden, ob diese Variablen auch kointegriert sind.

<u>Tabelle 6.2: Koeffizienten und Teststatistiken</u>

Regressor/ Teststatistik	Abhängige Variable				
	m	m	bsp	bsp	i
m	–	–	0.93	0.91	–34.33
bsp	1.02	1.07	–	–	38.71
i	–	–0.014	–	0.013	–
$R^{**}2$	0.95	0.98	0.95	0.98	0.52
DW	0.20	0.43	0.20	0.44	0.39
DF	1.95	2.23	3.41	3.57	3.34
ADF1	2.07	2.31	2.73	2.91	3.17
ADF2	1.48	1.75	1.84	2.05	2.94
ADF3	1.43	1.55	1.15	1.31	2.60
ADF4	2.55	2.75	2.01	2.20	3.79
ADF5	2.20	2.57	2.02	2.30	3.24
ADF6	1.52	1.83	1.63	1.88	2.83
ADF4*			3.35	3.52	3.89
LR – Test	6.78				

Tabelle 6.2 zeigt die Ergebnisse von fünf statischen Regressionen zur Schätzung der Kointegrationsparameter von m, bsp und i sowie die mit den Residuen dieser Regressionen durchgeführten Tests auf Vorliegen von Kointegration. Mit den Schätzungen der Spalten 1 und 3 wird getestet, ob m1 und bsp allein schon

kointegriert sind. Alle ausgewiesenen Teststatistiken lehnen diese Hypothese auf dem 5%–Niveau ab. In den Spalten 2, 4 und 5 wird der Zinssatz zusätzlich berücksichtigt. Die Spalten unterscheiden sich dadurch, welche der drei betrachteten Größen als abhängige Variable fungiert. Die Ergebnisse der Tests sind nun gespalten. Der DW–Test lehnt — unabhängig von der gewählten Normierung — die Nullhypothese der Nichtkointegration ab. Der DF–Test lehnt die Nullhypothese auf dem 10%–Niveau ebenfalls ab, akzeptiert sie jedoch auf dem 5%–Niveau. Der ADF–Test wurde für alle drei Normierungen jeweils schrittweise mit Berücksichtigung von maximal sechs Lags durchgeführt. Hier findet sich nur eine Konstellation, nämlich diejenige, in der der Zinssatz als abhängige Variable fungiert und vier Lags berücksichtigt werden, in der Nichtkointegration abgelehnt wird. Allerdings ist dieses "17:1"–Ergebnis doch erheblich in seiner Bedeutung einzuschränken, wenn man zwei Faktoren in Betracht zieht: Erstens sind die Tests mit verschiedenen Lags nicht unabhängig. Wenn der Test mit zwei Lags schon deutlich ablehnend ausfällt, wird dies der Test mit drei Lags fast immer auch tun. Zweitens ist es gerade der Test mit vier Lags, der bei Verwendung saisonbehafteter Quartalsdaten vielleicht der "korrekte" ist. Aus diesem Grund wurde der ADF–Test für die Spezifikationen mit jeweils drei Variablen noch einmal durchgeführt, wobei nur der Lag 4 in die Hilfsregression aufgenommen wurde. Die Hilfregression lautet also in diesem Fall:

$$\Delta \hat{z}_t = -b\hat{z}_{t-1} + a_4 \Delta \hat{z}_{t-4} + \epsilon_t.$$

Das Korrelogramm der Residuen ergab in allen drei Fällen keinen Hinweis auf eine Verletzung der Annahme, das die Störvariablen ϵ_t weißes Rauschen sind. Tabelle 6.3 zeigt die ersten acht Autokorrelationskoeffizienten für die Spezifikation, in der m_t die abhängige Variable der Kointegrationsregression ist. Die Werte der "t–Statistik" $\tau_{\hat{b}}$ für den Koeffizienten von z_{t-1} sind in der Zeile ADF4* der Tabelle 6.2 wiedergegeben. Jetzt erreichen auch die Spezifikationen mit m_t und bsp_t als abhängiger Variable ein marginales Signifikanzniveau zwischen 5 und 10 %.[47]

<u>Tabelle 6.3 Autokorrelationskoeffizienten</u>

Lag	1	2	3	4	5	6	7	8
$\hat{rho}$	−0.10	0.02	0.02	−0.06	−0.01	0.04	0.18	0.04

---

[47]Das marginale Signifikanzniveau ist der Wert des vorzugebenden α- Fehlers, bei dem die Nullhypothese gerade abgelehnt würde.

Die letzte Zeile der Tabelle 6.2 gibt den Wert der Likelihood-Ratio-Teststatistik für den Test der Hypothese an, daß keine Kointegrationsrelation zwischen den drei Variablen besteht. Diese Hypothese wird zum 5%–Niveau, aber auch zum 2.5%–Niveau (vgl. Tab. 5.3) abgelehnt. Auf die Ergebnisse der ML–Schätzungen und der damit verbundenen Tests wird zum Ende dieses Kapitels noch einmal näher eingegangen.

Insgesamt hinterlassen die Testergebnisse einen eher gemischten Eindruck. Dies ist allerdings nicht überraschend, wenn man bedenkt, daß die mit allen Tests getestete Nullhypothese lautet: es liegt keine Kointegration vor. Die eigentlich interessierende Hypothese, das nämlich Kointegration vorliegt, wird *nicht* getestet. Diese Hypothese kann, entsprechend der Logik der hier besprochenen Tests, nur akzeptiert werden, wenn die Hypothese der Nichtkointegration abgelehnt wird. Die gängige Testphilosophie mit ihren 1%–, 5%– oder 10%–Signifikanzniveaus sieht jedoch die Ablehnung der Nullhypothese nur dann vor, wenn sie angesichts der Daten als sehr unwahrscheinlich erscheint. Zu diesem interessanten und vielschichtigen Problem wird am Ende dieses Kapitels noch einmal Stellung genommen. Als vorläufiges Fazit kann hier wohl nur der Schluß gezogen werden, daß Kointegrationstests eine Angelegenheit mit recht unklarem Ausgang sein können.[48]

Interessant ist auch die Frage, ob in dem vorliegenden Beispiel der geschätzte Kointegrationsvektor stark von der gewählten Normierung abhängt. Tabelle 6.4 zeigt, daß die Abhängigkeit durchaus vorhanden ist, allerdings kaum in dramatischer Weise. Zur Berechnung der Tabelle wurden die Koeffizienten aus Tabelle 6.2 so umgerechnet, daß jeweils der Koeffizient der Geldmenge gleich Eins ist.

<u>Tabelle 6.4: Implizite Kointegrationsparameter</u>

Abhängige Variable	Kointegrationsparameter		
	m	bsp	i
m	1.0	1.04	−0.012
bsp	1.0	1.07	−0.013
i	1.0	1.14	−0.031

---

[48]Hansen (1988a) kommt im Prinzip anhand einer ganz anderen Fragestellung zu dem gleichen Schluß.

Die bisherigen Ergebnisse können, um einen Ausdruck von Sargent (1976) zu gebrauchen, zusammengefaßt werden zu der Aussage, daß die Hypothese der Kointegration von M1, dem Bruttosozialprodukt und dem Zinssatz nicht "in obszönem Gegensatz zu den Daten" steht. Die Ähnlichkeit der geschätzten Koeffizienten in allen drei Spezifikationen kann darüber hinaus als ein Indiz angesehen werden, daß für diese Variablen nur ein kointegrierender Vektor existiert. Daher erscheint es durchaus sinnvoll, ein Fehlerkorrekturmodell zur dynamischen Erklärung der Geldnachfrage zu spezifizieren.

Dies ist ein geeigneter Punkt, um noch einmal darauf hinzuweisen, daß die formale Theorie der Kointegration fest in der Zeitreihenanalyse und weniger in der klassischen Ökonometrie verwurzelt ist. Alle Variablen werden in ihrem Rahmen gleich behandelt und eine Unterscheidung in endogene und exogene Variablen ist im Grunde nicht vorgesehen. Entsprechend sollte ein Fehlerkorrekturmodell für alle drei hier betrachteten Variablen existieren. Schätzung dieser Fehlerkorrekturmodelle bedeutet im Grunde Schätzung einer Vektorautoregression (VAR) für die Differenzen der Variablen, unter zusätzlicher Berücksichtigung einer bestimmten Kombination verzögerter Niveauwerte.[49] Dennoch erscheint es möglich, eine der Zeitreihenanalyse entstammende Theorie im Sinne der traditionellen Ökonometrie zu nutzen, wie dies ja bei anderen Verfahren ebenfalls geschehen ist (man denke an ARMA–Modelle für Störvariablen).

Allerdings ist es unter ökonomischen Gesichtspunkten wenig sinnvoll, das reale Sozialprodukt ausschließlich mit Hilfe des Zinssatzes und der Geldmenge erklären zu wollen. Für den Zinssatz gilt − vielleicht mit Einschränkungen − entsprechendes. Unter ökonomischen Gesichtspunkten sollte das Fehlerkorrekturmodell ein dynamisches Modell der Geldnachfrage sein und nicht mehr. Eine der Zeitreihenanalyse entstammende Theorie im Sinne der traditionellen Ökonometrie zu nutzen erscheint hier sinnvoller, als sich buchstaben– bzw. formelgetreu an ein bestimmtes Korsett zu halten. Infolgedessen wird hier auch nur für die Geldmenge ein Fehlerkorrekturmodell in Betracht gezogen.

---

[49]Auch die simultanen Gleichungssysteme der traditionellen Ökonometrie können formal als Vektorautoregressionen aufgefaßt werden. Allerdings werden den Koeffizienten dieser VAR's a priori schon so viele Restriktionen, vornehmlich in Form von Nullbeschränkungen, auferlegt, daß das Modell eine kausale Interpretation zuläßt. Der Wert oder Unwert dieser Restriktionen ist durchaus umstritten (vgl. besonders Sims, 1980).

Für die zweite Stufe des Granger–Engle–Verfahrens benötigen wir eine eindeutige Schätzung des Kointegrationsvektors. Von den drei zur Verfügung stehenden Schätzungen erscheint es am naheliegendsten, diejenige zu nehmen, in der die zu erklärende Variable auf der linken Seite steht. Der besseren Übersicht halber sei diese Gleichung hier noch einmal niedergeschrieben:

$$(6.5) \qquad m_t = -0.80 + 1.07 \, bsp_t - 0.014 \, i_t + \hat{S}_t + \hat{z}_t .{}^{[50]}$$

Die Abbildung 6.1 zeigt die Residuen dieser Kointegrationsregression.

Abbildung 6.1: Residuen der Kointegrationsregression

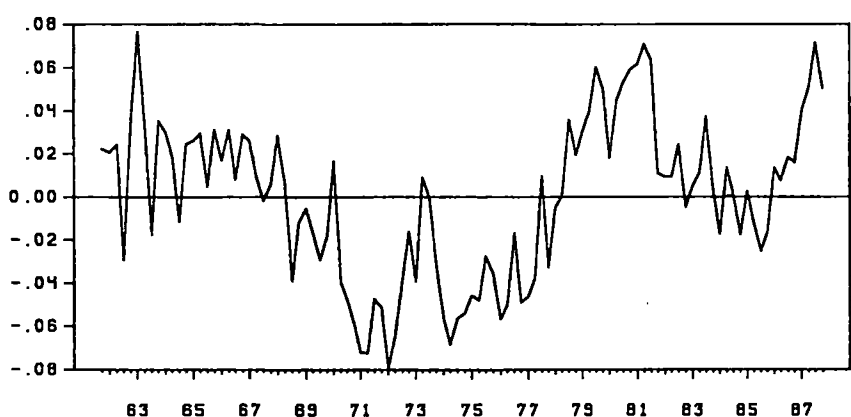

Die $\hat{z}_t$ wurden nun zur Schätzung eines geeigneten Fehlerkorrekturmodells benutzt.[51] Zur Auffindung dieses Modells wurde wie folgt vorgegangen: Zuerst wurde ein sehr allgemeines Modell formuliert, in dem neben einem Absolutglied und den Saisondummies noch verzögerte Änderungen der Geldmenge bis zum Lag sechs sowie unverzögerte und verzögerte Änderungen des Sozialprodukts und des Zinssatzes auftraten. Das Modell wurde anschließend systematisch vereinfacht,

---

[50]Standardabweichungen oder t- Werte der Koeffizientenschätzungen werden hier für statische Regressionen nicht wiedergegeben, da die Verteilung dieser Größen für integrierte Variablen nicht bekannt ist.

[51]Die folgenden Schätzungen beginnen ebenfalls im vierten Quartal 1961. Der Anfangswert für z_{t-1} ($z_{1961,3}$) wurde mit Hilfe der geschätzten Koeffizienten berechnet.

indem nicht signifikante Lags fortgelassen wurden. Die Gleichgewichtsabweichung $\hat{z}_{t-1}$ aus Gleichung (6.5) wurde als Regressor dabei stets berücksichtigt. Am Ende dieses Prozesses stand das folgende Modell:

$$(6.6) \quad \Delta m_t = 0.0042 + 0.36\ \Delta m_{t-4} + 0.18\ \Delta bsp_t - 0.0025\ \Delta i_t$$
$$\ (3\cdot9)\quad\ \ (5\cdot5)\qquad\quad\ (8\cdot2)\qquad\qquad (2\cdot4)$$

$$- 0.0086\ \Delta i_{t-1} - 0.048\ \hat{z}_{t-1}.$$
$$\ (8\cdot0)\qquad\quad\ (1\cdot7)$$

$$R^2 = 0.80; \quad R_c^2 = 0.79; \quad SEE = 0.010; \quad DW = 1.91.$$

Abbildung 6.2 zeigt die Anpassung der Funktion (6.6) an die Beobachtungswerte von Δm.

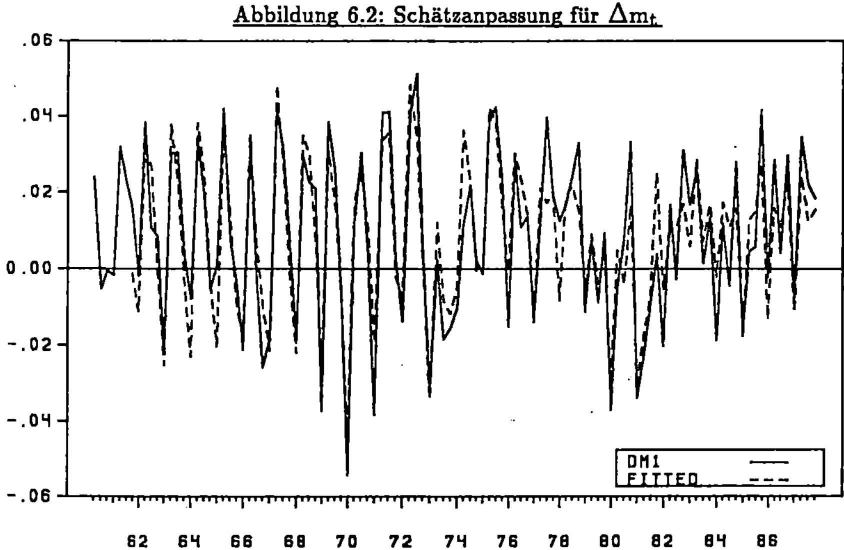

Abbildung 6.2: Schätzanpassung für Δm_t

Der Lag 4 für Δm_t "erklärt" alle saisonalen Effekte. Deshalb enthält die Gleichung auch keine Saisondummyvariablen mehr. Das Korrelogramm der Residuen dieser Gleichung (Abb. 6.3) ist typisch für weißes Rauschen, mit der einzigen Ausnahme einer schwer interpretierbaren Autokorrelation sechster Ordnung. Die Zahlen in Klammern unter den geschätzten Koeffizienten sind t–Werte. Ein gewisser Schönheitsfehler dieser Gleichung besteht darin, daß der Koeffizient von $\hat{z}_{t-1}$, einem t–Test zufolge, auf dem 5%–Niveau nicht signifikant von Null verschieden ist. Das marginale Signifikanzniveau beträgt vielmehr 11 %.

Abbildung 6.3: Autokorrelationsfunktion der Residuen

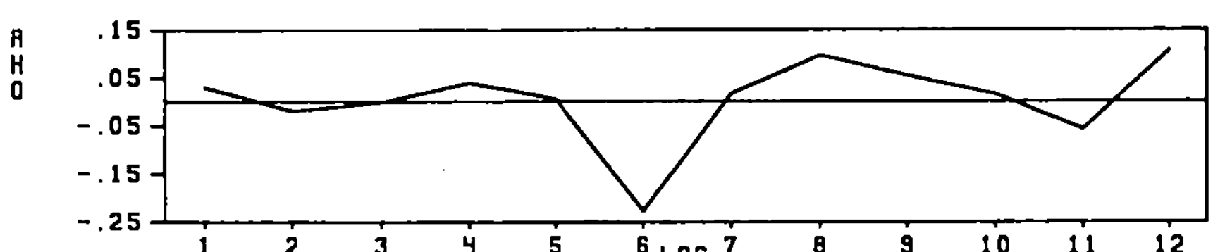

Hier war eine Entscheidung zu treffen. Wurde das Modell nur bis zum vierten Quartal 1985 oder 1986 geschätzt, so war $\hat{z}_{t-1}$ signifikant. Ebenfalls signifikant über den gesamten Zeitraum ist $\hat{z}_{t-2}$, das in der Spezifikation (6.6) einen t–Wert von 2.1 hätte. Dies ist ein Problem, das in der angewandten Ökonometrie häufig auftaucht: soll man kleine, aber in der Summe vielleicht unplausible oder unerwünschte Modelländerungen vornehmen, wenn die ausgewiesenen t–Werte auf diese Weise größer werden? Im vorliegenden Fall wurde entschieden, daß dazu kein Anlaß besteht. Das Modell würde ein beträchtliches Maß an Plausibilität verlieren, wenn die Gleichgewichtsabweichung erst mit einer Verzögerung von zwei Quartalen Einfluß zu nehmen begänne. Ökonomische und statistische Signifikanz sollten hier klar auseinandergehalten werden. Der Koeffizient von $\hat{z}_{t-1}$ erscheint mit 0.048 recht klein, garantiert aber eine Anpassungsgeschwindigkeit an die langfristige Geldnachfragefunktion, die der in der monetären Theorie im allgemeinen zugrundegelegten in etwa entspricht. Eine gegebene Abweichung von dieser Funktion wird im Laufe eines Konjunkturzyklusses vollständig eliminiert. Über Zeiträume von zwei, drei Jahren hinweg können hingegen die Geldmenge und das Sozialprodukt durchaus mit unterschiedlichen Raten wachsen.

Beachtlich ist, daß die kurzfristige Einkommenselastizität der Realkasse erheblich niedriger als Eins ist, selbst nach Berücksichtigung der Wirkungen über Δm_{t-4}. Hier zeigt sich in einem konkreten Modell das in Kapitel 3 ausführlich diskutierte Phänomen, daß sich kurz– und langfristige Elastizitäten erheblich voneinander unterscheiden können. Der Unterschied ist nicht allein mit partieller Anpassung zu erklären, da sich aus Gleichung (6.6) bei Vernachlässigung des Fehlerkorrekturfaktors auch langfristig nur eine Elastizität von etwa 0.3 ergibt. Kompatibel mit diesem Unterschied zwischen kurz– und langfristiger Reaktion sind nur Theorien, die zwischen transitorischen und permanenten Einkommensänderungen oder zwischen erwarteten und unerwarteten Einkommensänderungen unterscheiden. Im Lichte dieser Theorien ist der größere Anteil der Einkommensänderung von Quartal zu Quartal transitorischer Natur, so daß keine proportionale Erhöhung der

Geldnachfrage stattfindet.

Das hohe R^2 der Gleichung sollte ebenfalls nicht darüber hinwegtäuschen, daß der kurzfristige Zusammenhang zwischen bsp und m nicht sehr eng ist, da die Varianz der abhängigen Variablen zum großen Teil saisonalen Ursprungs ist. Dies ist auch aus Abbildung 6.2 erkennbar.

Das Modell wurde noch einigen Tests unterworfen. Zunächst bot sich ein Vergleich mit Ergebnissen an, die mit saisonbereinigten Daten erzielt wurden. Obwohl man bei Verwendung saisonbereinigter Daten nicht den Lag vier als wichtigsten Lag bei der verzögert endogenen Variable erwarten würde, wurde die Spezifikation (6.6) nicht verändert, da es hier allein darum ging, bestmögliche Vergleichbarkeit zu erzielen. Der Kointegrationsvektor wurde in einer statischen Regression mit saisonbereinigten Variablen ebenfalls neu geschätzt. In Gleichung (6.7) ist das Ergebnis dieser Schätzungen wiedergegeben:

$$(6.7) \qquad \Delta m_t = 0.0050 + 0.18\ \Delta m_{t-4} + 0.26\ \Delta bsp_t - 0.0037\ \Delta i_t$$
$$ (4 \cdot 1) \qquad (2 \cdot 3) \qquad\quad (3 \cdot 4) \qquad\qquad (3 \cdot 7)$$

$$- 0.0062\ \Delta i_{t-1} - 0.064(m_{t-1} + 0.82 - 1.08\ bsp_{t-1} + 0.014\ i_{t-1}) + \hat{\epsilon}_t.$$
$$ (6 \cdot 1) \qquad\quad (2 \cdot 1)$$

$$R^2 = 0.50; \quad R_c^2 = 0.47; \quad SEE = 0.0097; \quad DW = 1.73.$$

Der wesentliche Unterschied zu (6.6) dürfte in der höheren geschätzten kurzfristigen Einkommenselastizität liegen. Der Fehlerkorrekturparameter ist ebenfalls etwas größer und zudem nun statistisch signifikant. Sehr erfreulich ist jedoch, daß der geschätzte Kointegrationsvektor selbst (die Parameter in dem Klammerausdruck) nahezu identisch ist mit der Schätzung mit saisonbehafteten Daten. Die Anpassung dieser Funktion an die Beobachtungswerte zeigt Abbildung 6.4. Das deutlich niedrigere R^2 ist durch die nun erheblich geringere Varianz der Abhängigen zu erklären. Der Standardfehler ist hingegen sogar minimal geringer als bei saisonbehafteten Daten.

Ein weiterer Test kann als Test auf Parameterstabilität gedeutet werden: Dazu wurde das Modell — nach seiner Fertigstellung — noch einmal neu über einen kürzeren Zeitraum geschätzt — bis 1980 bzw. bis 1985. Für die folgenden sieben bzw. zwei Jahre wurden anschließend statische Prognosen erstellt, indem mit

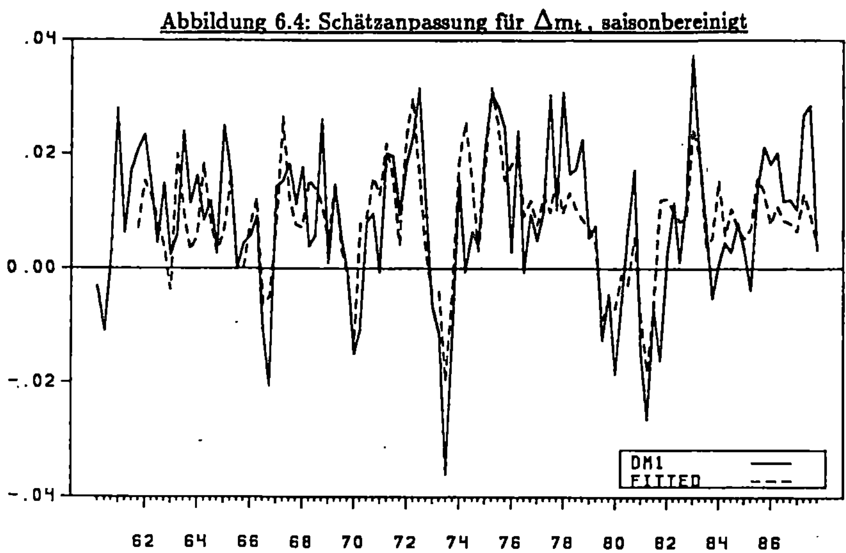

Hilfe des geschätzten Modells unter Verwendung der bekannten Werte für die Variablen der rechten Seite Prognosen für Δm_t berechnet wurden. Wenn das Modell korrekt ist und keine Parameterverschiebungen eintreten, sind die so berechneten Prognoseresiduen weißes Rauschen. Bezeichnet man die Standardabweichung der Schätzresiduen mit $\hat{\sigma}$, die Prognoseresiduen mit f_t, die Länge des Schätzzeitraums mit T und die Länge des Prognosezeitraums mit k, so tendiert die Teststatistik

$$\xi = \sum_{t=T+1}^{T+k} (f_t / \hat{\sigma})^2$$

unter der Nullhypothese gegen eine χ^2–Verteilung mit k Freiheitsgraden (vgl. Davidson u.a., 1978, S. 674). Für das vorliegende Modell ergab sich $\chi^2(8) = 6.70$ und $\chi^2(28) = 29.80$. Beide Werte geben keinen Anlaß, die Nullhypothese der Parameterstabilität zu verwerfen. Das marginale Signifikanzniveau beträgt im ersten Fall 57% und im zweiten Fall 37%.

Ebenfalls interessant ist die Frage, ob das Modell durch Aufnahme zusätzlicher Variablen verbessert werden kann und wie die Parameterschätzungen auf solche Änderungen reagieren. Betrachtet wird hier beispielhaft die Inflationsrate. Theoretische Argumente für einen Einfluß der Inflationsrate auf die Geldnachfrage wurden in Abschnitt 2 dieses Kapitels besprochen. In einigen Versuchen stellte sich heraus, daß weder die unverzögerte, noch die um eine

Periode verzögerte Inflationsrate bei isolierter Berücksichtigung in Gleichung (6.6) signifikant war. Wurden beide gemeinsam in die Gleichung aufgenommen, waren jedoch beide signifikant und hatten in etwa gleich große Koeffizienten mit umgekehrten Vorzeichen. Die Vermutung liegt daher nahe, daß es die *Änderung* der Inflationsrate ist, die einen signifikanten Einfluß auf die Geldnachfrage besitzt. Gordon (1984) ist der Auffassung, daß die Wirtschaftssubjekte kurzfristig nicht in der Lage sind, ihre Geldbestände an Veränderungen der Inflationsrate anzupassen, so daß eine steigende Inflationsrate mit sinkenden realen Kassenbeständen einhergehe. Dies ist sicherlich bei einem Modell mit Quartalsdaten ein gewichtiges Argument, da innerhalb eines so kurzen Zeitraums für den Verbraucher oft nicht einmal ausreichende Informationen über das für ihn relevante Preisniveau vorliegen. Neben diesen Informationsdefiziten gibt es jedoch ein weiteres Argument für den Einfluß der Inflationsrate: Fast alle empirischen Untersuchungen deuten darauf hin, daß Änderungen der Inflationsrate höchstens teilweise in Nominalzinsänderungen reflektiert werden. Es kann daher sein, daß die Wirtschaftssubjekte ganz bewußt auf diese Variable mit einer Änderung ihrer Kassenhaltung reagieren. Die Gleichung (6.8) zeigt, daß die Änderung der Inflationsrate, (hier definiert als $\Delta_1\Delta_4 p_t$, p_t = Logarithmus des Preisindexes des Bruttosozialprodukts) einen signifikanten negativen Einfluß auf die Änderung der Realkasse besitzt. Gleichzeitig ändern sich die Koeffizienten der übrigen Variablen nur unwesentlich, was auf eine annähernde Orthogonalität zu dem zusätzlichen Regressor hinweist:

$$(6.8) \qquad \Delta m_t = 0.0039 + 0.39\ \Delta m_{t-4} + 0.16\ \Delta bsp_t - 0.0021\ \Delta i_t$$
$$ (3\cdot 8) \qquad (6\cdot 1) \qquad\quad (5\cdot 9) \qquad\qquad (2\cdot 1)$$

$$- 0.0082\ \Delta i_{t-1} - 0.36\ \Delta_1\Delta_4 p_t - 0.053\ \hat{z}_{t-1}.$$
$$ (7\cdot 8) \qquad\quad (2\cdot 9) \qquad\qquad (1\cdot 9)$$

$$R^2 = 0.82; \quad R_c^2 = 0.81; \quad SEE = 0.0098; \quad DW = 1.76.$$

Für eine vollständige Modellierung der Geldnachfrage sollten Inflationsseffekte also wohl unbedingt berücksichtigt werden.

Untersucht werden soll nun noch die Frage, welches Licht die sogenannte nichtlineare Methode von Stock auf die bisherigen Ergebnisse wirft. Hierzu wurden die Gleichungen (6.6) und (6.8) noch einmal einstufig mit dem NLS–Schätzer von Stock geschätzt, indem jede verzögerte Niveaugröße separat als

Regressor aufgenommen wurde. Das Ergebnis dieser Schätzungen lautet:

$$(6.9) \quad \Delta m_t = 0.29 \, \Delta m_{t-4} + 0.20 \, \Delta bsp_t - 0.0040 \, \Delta i_t$$
$$\scriptstyle (4\cdot3) \qquad\qquad (4\cdot7) \qquad\qquad (3\cdot8)$$

$$- 0.0073 \, \Delta i_{t-1} - 0.053 \, m_{t-1} - 0.036 + 0.058 \, bsp_{t-1}$$
$$\scriptstyle (6\cdot2) \qquad\qquad (1\cdot9)$$

$$- 0.0022 \, i_{t-1} + \hat{S}_t .$$

$$R^2 = 0.84; \quad R_c^2 = 0.82; \quad SEE = 0.0093; \quad DW = 2.10.$$

$$(6.10) \quad \Delta m_t = 0.31 \, \Delta m_{t-4} + 0.19 \, \Delta bsp_t - 0.0036 \, \Delta i_t$$
$$\scriptstyle (4\cdot8) \qquad\qquad (4\cdot4) \qquad\qquad (3\cdot5)$$

$$- 0.0070 \, \Delta i_{t-1} - 0.30 \, \Delta_1\Delta_4 p_t - 0.056 \, m_{t-1} - 0.037$$
$$\scriptstyle (6\cdot1) \qquad\qquad (2\cdot5) \qquad\qquad (2\cdot1)$$

$$+ 0.062 \, bsp_{t-1} - 0.0022 \, i_{t-1} + \hat{S}_t .$$

$$R^2 = 0.85; \quad R_c^2 = 0.83; \quad SEE = 0.0090; \quad DW = 1.93.$$

Selbstverständlich ist das R^2 dieser Schätzungen höher als das ihrer jeweiligen Gegenstücke (6.6) und (6.8), da eine unrestringierte Schätzung immer eine bessere Anpassung als eine restringierte Schätzung ergeben muß. Daraus kann nicht unbedingt geschlossen werden, daß das NLS–Schätzverfahren als solches dem Granger-Engle-Verfahren überlegen ist, zumal letzteres ja benutzt wurde, um zunächst ein angemessenes Modell zu entwickeln. Die mit der NLS–Methode implizit geschätzten Kointegrationsrelationen lauten:

$$(6.9a) \qquad m_t = 0.68 + 1.11 \, bsp_t - 0.042 \, i_t + \hat{S}_t ;$$

bzw.

$$(6.10a) \qquad m_t = 0.66 + 1.11 \, bsp_t - 0.039 \, i_t + \hat{S}_t .$$

Der wesentliche Unterschied zum OLS–Schätzer aus der statischen Regression liegt in der erheblich größeren Semizinselastizität.

Auch wenn alle diese Ergebnisse in erster Linie zur Illustration der in Frage kommenden Verfahren gedacht sind, scheinen sie doch darauf hinzudeuten, daß es sich lohnen kann, die mit der Idee der Kointegration verbundenen Denkweisen und Modellierungsstrategien in der Praxis einzusetzen. Ohne das Konzept der Kointegration und die Existenz eines Fehlerkorrekturmodells wären das Bewußtsein von der Existenz einer langfristigen Gleichgewichtsbeziehung zwischen Geldmenge, Sozialprodukt und Zinssatz und die Schätzergebnisse der Modelle in Differenzenform nicht miteinander zu vereinbaren. Die konzeptionelle Trennung von langfristiger Gleichgewichtsbeziehung und kurzfristiger Dynamik ist vielleicht der erfolgversprechendste Weg zu guten und interpretierbaren Modellen. Der Ansatz der Kointegration ist ein geradezu natürlicher Hintergrund, vor dem diese Trennung vorgenommen werden kann.

Während ein Modellierungsexperiment wie das soeben beschriebene sich in der Praxis als sehr sinnvoll erweisen kann, läßt es doch möglicherweise in anderen Zusammenhängen eine Reihe von Fragen unbeantwortet. Die gesamte Testtheorie erscheint sehr problematisch, wie weiter oben deutlich wurde, und das Problem der etwaigen Existenz mehrerer kointegrierender Vektoren scheint mit dem Einzelgleichungsansatz kaum lösbar zu sein. Zwar mag der vektorautoregressive Ansatz zur *Schätzung* dynamischer Modelle als nicht generell geeignet angesehen werden (vgl. die obigen Bemerkungen zur "Erklärung" des Sozialprodukts durch die Geldmenge und den Zinssatz), dennoch scheint er für *Tests* auf Vorliegen von Kointegration einige Vorteile zu besitzen. Erstens entsteht das Problem der Normierung in diesem Zusammenhang nicht. Zweitens erlaubt er Tests auf Vorliegen von mehr als einer Kointegrationsrestriktion. Drittens ermöglicht er einen Likelihood–Ratio–Test (allerdings ist die Frage nach der Optimalität dieses Tests noch nicht hinreichend geklärt). Deshalb ist es sicherlich interessant, an dieser Stelle auch auf das Ergebnis des Johansen–Verfahrens einzugehen.

Zur ML–Schätzung der Kointegrationsparameter sowie damit zusammenhängend der übrigen Modellparameter wurde ein vektorautoregressives System postuliert, in dem die Variablen Δm_t, Δbsp_t und Δi_t jeweils von sechs verzögerten Differenzen aller drei Variablen sowie von den um eine Periode verzögerten Niveaugrößen abhängen. Das Gesamtmodell lautet somit (unter Berücksichtigung von Absolutgliedern und Saisonfaktoren sowie unter der Voraussetzung, daß genau ein Kointegrationsvektor existiert):

$$\Delta m_t = c_1 + S_{11} + S_{12} + S_{13} - \gamma_1\lambda_1 m_{t-1} - \gamma_1\lambda_2 bsp_{t-1} - \gamma_1\lambda_3 i_{t-1}$$
$$+ \sum_{j=1}^{6} g_{11j}\,\Delta m_{t-j} + \sum_{j=1}^{6} g_{12j}\,\Delta bsp_{t-j} + \sum_{j=1}^{6} g_{13j}\,\Delta i_{t-j} + \epsilon_{1t},$$

$$\Delta bsp_t = c_2 + S_{21} + S_{22} + S_{23} - \gamma_2\lambda_1 m_{t-1} - \gamma_2\lambda_2 bsp_{t-1} - \gamma_2\lambda_3 i_{t-1}$$
$$+ \sum_{j=1}^{6} g_{21j}\,\Delta m_{t-j} + \sum_{j=1}^{6} g_{22j}\,\Delta bsp_{t-j} + \sum_{j=1}^{6} g_{23j}\,\Delta i_{t-j} + \epsilon_{2t},$$

$$\Delta i_t = c_3 + S_{31} + S_{32} + S_{33} - \gamma_3\lambda_1 m_{t-1} - \gamma_3\lambda_2 bsp_{t-1} - \gamma_3\lambda_3 i_{t-1}$$
$$+ \sum_{j=1}^{6} g_{31j}\,\Delta m_{t-j} + \sum_{j=1}^{6} g_{32j}\,\Delta bsp_{t-j} + \sum_{j=1}^{6} g_{33j}\,\Delta i_{t-j} + \epsilon_{3t}.$$

Angesichts der Fülle von Parametern und der geringen ökonomischen Interpretierbarkeit der einzelnen Schätzungen sei auf eine vollständige Wiedergabe des Schätzergebnisses hier verzichtet.

Betrachten wir stattdessen zunächst die unrestringierte Schätzung der Matrix Λ aus Kapitel 4, in der die Kointegrationsvektoren zusammengefaßt sind. Diese lautet:

$$\hat{\Lambda} = \begin{bmatrix} 2.94 & 0.76 & -2.62 \\ -3.09 & -1.31 & 2.74 \\ 0.12 & 0.04 & -0.003 \end{bmatrix}.$$

Die Teststatistik für den Test, daß der Rang dieser Matrix gleich Null ist, nimmt den Wert 27.545 an. Vergleicht man diesen Wert mit dem kritischen 5%–Wert 23.8 aus Tabelle 4.3 (in Tabelle 6.3 sind die kritischen Werte noch einmal aufgeführt), so wird man diese Hypothese ablehnen. Auch ein 2.5%–Test würde zu einer Ablehnung dieser Hypothese führen. Die Hypothese hingegen, daß der Rang der zugrundeliegenden Matrix Λ gleich Eins ist, kann nicht abgelehnt werden. Die Teststatistik nimmt hierfür den Wert 6.78 an, der deutlich unter dem kritischen 5%–Wert 12.0 und ebenso unter dem 10%–Wert von 10.3 liegt (siehe Tabelle 6.3). Das Ergebnis des Tests der Nullhypothese, daß der Rang von Λ höchstens gleich zwei ist, ist lediglich der Vollständigkeit halber mit aufgeführt.

Tabelle 6.3: Ergebnisse von Likelihood-Ratio-Tests

Hypothese	Teststatistik	Kritische Werte		
		2.5%	5%	10%
Rang = 0	27.54	26.1	23.8	21.2
Rang = 1	6.78	13.9	12.0	10.3
Rang = 2	1.62	5.3	4.2	2.9

Zusammenfassend läßt sich festhalten, daß der Likelihood-Ratio–Test relativ deutlich zu dem Ergebnis führt, daß genau eine kointegrierende Beziehung zwischen den drei untersuchten Variablen besteht. Es darf wohl vermutet werden, daß diese Beziehung durch die Geldnachfragefunktion gegeben ist.

Normiert man nun noch die erste Spalte von $\hat{\Lambda}$ in der Weise neu, daß $\hat{\Lambda}_{11}$ gleich Eins ist, so ergibt sich als Schätzung für den Kointegrationsvektor:

$$\hat{\lambda} = (1.0 \quad -1.05 \quad 0.041).$$

Dieses Ergebnis liegt erfreulich nahe an den bisherigen Ergebnissen, deutet aber, wie auch schon die einstufige Schätzung, auf eine deutlich höhere Zinsabhängigkeit der Geldnachfrage hin als dies in der Kointegrationsregression zum Ausdruck kam.

4. Kointegration und Parameterstabilität

Seit einem berühmten Aufsatz von Goldfeld aus dem Jahre 1976 kann die Geldnachfragefunktion kaum noch diskutiert werden, ohne die Frage nach ihrer Stabilität wenigstens anzusprechen. Eine Vielzahl von Tests sind in der Literatur vorgeschlagen worden, um diese Frage zu überprüfen. Die Antwort hängt zu einem großen Teil davon ab, was man unter Parameterstabilität genau versteht und wie strenge Maßstäbe man bereit ist, anzulegen. Ein klassischer Test auf Parameterstabilität ist der Chow–Test (Chow, 1960; vgl. für das folgende auch Chow, 1983, Kap. 2.8), der den Untersuchungszeitraum in zwei Teilzeiträume aufspaltet und für beide Teilzeiträume zunächst zwei unterschiedliche Modelle postuliert:

Zeitraum 1: $\quad m_t = \alpha_1 + \alpha_2 bsp_t + \alpha_3 i_t + u_{1t}.$

$\qquad\qquad t = 1, 2, ..., T^*.$

(6.11)

Zeitraum 2: $\quad m_t = \beta_1 + \beta_2 bsp_t + \beta_3 i_t + u_{2t}.$

$\qquad\qquad t = T^*+1, T^*+2, ..., T.$

Die Nullhypothese lautet $\beta_i = \alpha_i$, i = 1, 2, 3. Allgemeiner sei nun die Anzahl der Parameter gleich k. Bei Gültigkeit der Nullhypothese lassen sich die beiden Teilzeiträume zu einem Schätzzeitraum zusammenfassen. Wenn man zu den Annahmen bereit ist, daß die Störvariablen dieses Modells unabhängig und identisch normalverteilt sind und zusätzlich die Regressoren exogen sind, ist die Größe $S = \hat{u}'\hat{u}/T\sigma^2$ χ^2–verteilt mit T–k Freiheitsgraden. Schätzt man hingegen für die beiden Teilzeiträume getrennte Modelle, so erhält man als Reststreuung $R = (\hat{u}_1'\hat{u}_1 + \hat{u}_2'\hat{u}_2)/T$. R ist nach Division durch σ^2 ebenfalls χ^2–verteilt, allerdings mit T–2k Freiheitsgraden, da ja in diesem Fall 2k Parameter geschätzt werden müssen. Bei Gültigkeit der Nullhypothese ist die Differenz $S - R$ ebenfalls χ^2–verteilt mit nunmehr k Freiheitsgraden. Der Chow–Test verwendet als Teststatistik den Quotienten

$$Q = \frac{(S-R)/k}{R/(T-2k)}.$$

Dieser Quotient ist F–verteilt mit (k, T–2k) Freiheitsgraden. Diese Verteilungsannahme beruht allerdings auf recht restriktiven Voraussetzungen über die Störvariablen und die Regressoren des Modells (6.11). Auch wenn man nicht bereit ist, diese restriktiven Voraussetzungen zu akzeptieren, ist ein begründeter statistischer Test jedoch möglich. Die Verteilung der zu vergleichenden standardisierten Reststreuungen S und R geht auch unter recht schwachen Annahmen asymptotisch in eine χ^2–Verteilung über. Da m–mal eine F(m,n)–Verteilung mit zunehmendem n ebenfalls in eine χ^2–Verteilung übergeht (Kendall und Stuart, 1977, S. 410f.), kann man die Größe (T–2k)Q somit auch als asymptotisch χ^2–verteilt betrachten und diese Verteilung einem Test zugrundelegen.

Tabelle 6.5 zeigt das Ergebnis von Chow–Tests für drei verschiedene Spezifikationen der Geldnachfragefunktion. Modell 1 ist das statische

Regressionsmodell. Modell 2 ist das Fehlerkorrekturmodell (6.6) und Modell 3 entspricht Gleichung (6.8). In der Kointegrationsregression wurde lediglich die Frage nach der Stabilität der Koeffizienten der echten erklärenden Variablen überprüft, das Absolutglied und die Saisondummies durften sich in den einzelnen Teilzeiträumen unterscheiden. Der Test testet also die Nullhypothese, daß alle Koeffizienten *außer* dem Absolutglied und den Saisondummies konstant sind. Als Kandidaten für einen möglichen Strukturbruch kann man besonders die Perioden nach den beiden Ölkrisen ansehen, da in diesen Jahren nicht nur realwirtschaftlich besondere Anpassungsprobleme entstanden, sondern auch auf monetärem Gebiet einschneidende Veränderungen stattfanden. Die wichtigsten Änderungen waren sicherlich die Freigabe der Wechselkurse im Jahre 1973 und die Festlegung der Bundesbank auf eine Geldmengenregel seit 1974. Der Untersuchungszeitraum wurde daher einmal nach dem Jahr 1973 und einmal nach dem Jahr 1980 gespalten.

Der Chow–Test lehnt für die beiden dynamischen Spezifikationen die Nullhypothese der Parameterstabilität nicht ab. Das marginale Signifikanzniveau liegt in allen Fällen vielmehr über 90%. Lediglich für die statische Regression wird diese Hypothese abgelehnt, wobei die Ablehnung besonders deutlich ausfällt, wenn die Stichprobe zur Jahreswende 1973/74 gespalten wird. Allerdings muß hier bedacht werden, daß sowohl die F– als auch die χ^2–Verteilung für dieses Modell sicherlich keine gute Approximation an die wahre Verteilung der Teststatistik darstellen,

<u>Tabelle 6.5: Koeffizientenschätzwerte und Chow–Tests auf Parameterstabilität</u>

Modell 1: m_t = const. + $b_1 bsp_t$ + $b_2 i_t$ + S_t					
Regressor/ Teststat.	1961:4 — 1987:4	1961:4 — 1973:4	1974:1 — 1987:4	1961:4 — 1980:4	1981:1 — 1987:4
bsp_t	1.01	0.83	1.38	1.02	1.49
i_t	−0.013	−0.0075	−0.0096	−0.0014	−0.0059
$F(2,93)$			58.35		5.60
$\chi^2(2)$			116.71		11.21

Modell 2: $\Delta m_t = \text{const.} + \gamma z_{t-1} + b_1\Delta m_{t-4} + b_2\,\Delta bsp_t + b_3\,\Delta i_t + b_4\,\Delta i_{t-1}$					
Regressor/ Teststat.	1961:4 — 1987:4	1961:4 — 1973:4	1974:1 — 1987:4	1961:4 — 1980:4	1981:1 — 1987:4
const.	0.0042	0.0043	0.0039	0.0048	0.0035
z_{t-1}	−0.048	−0.075	−0.031	−0.032	−0.082
Δm_{t-1}	0.36	0.43	0.32	0.34	0.39
Δbsp_t	0.17	0.15	0.21	0.17	0.19
Δi_t	−0.0025	−0.0032	−0.0024	−0.0024	−0.0015
Δi_{t-1}	−0.0086	−0.0088	−0.0088	−0.0086	−0.011
F(6,93)			0.32		0.30
$\chi^2(6)$			2.26		1.78

Modell 3: $\Delta m_t = \text{const.} + \gamma z_{t-1} + b_1\Delta m_{t-4} + b_2\,\Delta bsp_t + b_3\,\Delta i_t + b_4\,\Delta i_{t-1} + b_5\,\Delta_1\Delta_4 p_t$					
Regressor/ Teststat.	1961:4 — 1987:4	1961:4 — 1973:4	1974:1 — 1987:4	1961:4 — 1980:4	1981:1 — 1987:4
const.	0.0039	0.0041	0.0033	0.0045	0.0031
z_{t-1}	−0.053	−0.073	−0.034	−0.037	−0.091
Δm_{t-1}	0.39	0.45	0.37	0.37	0.42
Δbsp_t	0.16	0.14	0.19	0.16	0.18
Δi_t	−0.0021	−0.0028	−0.0017	−0.0018	−0.0025
Δi_{t-1}	−0.0082	−0.0082	−0.0092	−0.0081	−0.010
$\Delta_1\Delta_4 p_t$	−0.36	−0.27	−0.44	−0.37	−0.49
F(7,91)			0.39		0.35
$\chi^2(7)$			2.75		2.45

da die Störvariablen auch unter der Nullhypothese kein weißes Rauschen sind. Betrachtet man die Koeffizientenschätzungen der verschiedenen Modelle und

Teilzeiträume direkt, so fällt auf, daß beide Fehlerkorrekturmodelle relativ geringe Schwankungen aufweisen.

Ebenfalls interessant für die Frage nach der Parameterstabilität ist der Verlauf rekursiv berechneter Schätzergebnisse. Die Abbildung 6.5 veranschaulicht, wie sich die Parameterschätzungen entwickelt hätten, wenn das Modell aus Gleichung (6.8) im Jahre 1974 "entdeckt" worden und seitdem laufend in jedem Quartal unter Hinzunahme der jeweils aktuellen Werte neu geschätzt worden wäre.

Abbildung 6.5: Verlauf der rekursiven Schätzungen[*]

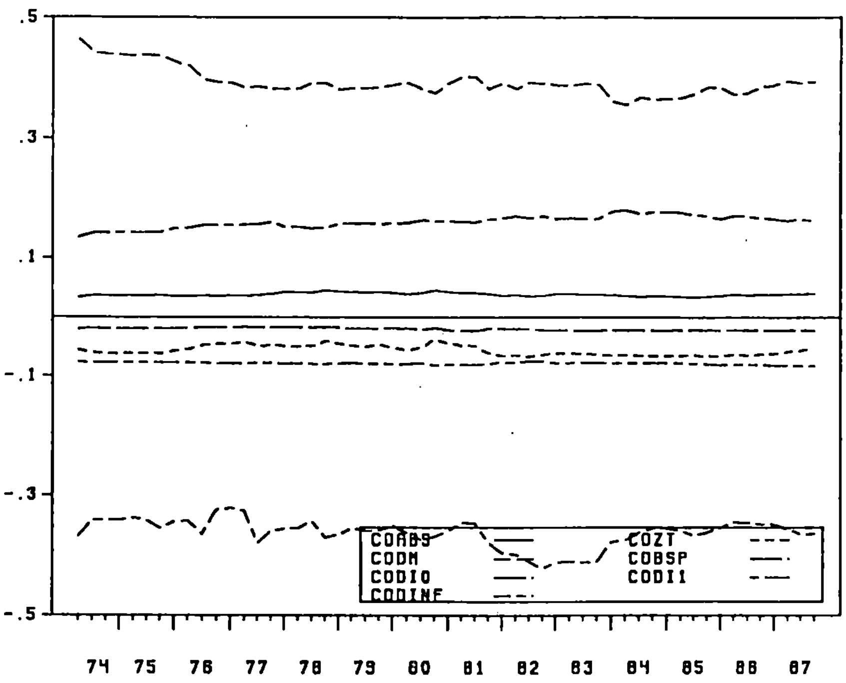

[*] coabs = Absolutglied; codm = Koeffizient von Δm_{t-4}; cobsp = Koeffizient von ΔBSP_t; codi0 = Koeffizient von Δi_t; codil = Koeffizient von Δi_{t-1}; codinf = Koeffizient von $\Delta_1\Delta_4 p_t$; cozt = Koeffizient von $\hat{z}_{t-1}$.

Die Koeffizienten der Zinssatzänderung wurden mit 10 multipliziert, damit sie von der Größenordnung her mit den übrigen Koeffizienten vergleichbar sind. Der graphische Verlauf macht deutlich, daß die Parameteränderungen kaum je einen

Anlaß gegeben hätten, an der Spezifikation zu zweifeln.

In jüngster Zeit haben Kugler und Heri (1987) argumentiert, daß die Frage nach der *Stabilität* in Wirklichkeit eher eine Frage nach der *Identifizierbarkeit* der Parameter der Geldnachfragefunktion sei (vgl. auch Cooley und Leroy, 1982). Ihr Argument ist, daß die Geldnachfrage sich nur dann in den Daten widerspiegeln kann, wenn die Wirtschaftssubjekte ihre Realkasse als unabhängige Entscheidungsvariable realisieren können. In den sechziger und frühen siebziger Jahren sei dies der Fall gewesen, da die Bundesbank eine reine Zinspolitik betrieben habe und die Bestimmung der Geldmenge der Nachfrage überlassen habe. Mit dem Übergang zur Geldmengensteuerung Mitte der siebziger Jahre sei jedoch die Geldmenge eine politische Instrumentvariable geworden und der Zinssatz sei an ihre Stelle als die vom privaten Sektor kontrollierte Größe getreten. Hierdurch hätten sich erhebliche Verschiebungen in den Anpassungsreaktionen ergeben.[52] Kugler und Heri argumentieren weiter, daß die Frage nach der Parameterstabilität sich auf die langfristige Geldnachfragefunktion beziehen müsse, also auf Gleichung (6.3) oder (6.4) bzw. auf die oberen Zeilen der Tabelle 6.5. Das geeignete Mittel, um deren Stabilität festzustellen, sei jedoch kein koventioneller Stabilitätstest wie der Chow–Test, sondern vielmehr ein Test auf Kointegration. Da sie finden, daß die Geldmenge, das Bruttosozialprodukt und der Zinsatz kointegriert sind, schließen sie, daß sich zwar die "kurzfristige Dynamik" geändert haben könne, daß die langfristige Geldnachfragefunktion jedoch stabil sei.[53]

Die bisherigen Ergebnisse in dieser Arbeit geben eigentlich keinen Anlaß zu der Vermutung, daß die Parameter der "kurzfristigen Dynamik" instabil sind oder Strukturbrüche aufgetreten sind. Im Zusammenhang mit der Argumentation von Kugler und Heri stellt sich hingegen die Frage, ob ein Test auf Kointegration, wenn er gleichzeitig als Test auf Parameterstabilität aufgefaßt wird, einen Gewinn gegenüber herkömmlichen Testverfahren darstellt. Zumindest die mit den Einzelgleichungsverfahren verbundenen Tests auf Vorliegen von

---

[52]Dieses Argument ist nur zum Teil richtig. Zwar versucht die Zentralbank (indirekt und in begrenztem Umfang) Einfluß auf das Wachstum der *nominalen* Geldmenge zu nehmen, die *reale* Geldmenge wird jedoch nach wie vor überwiegend vom privaten Sektor kontrolliert.

[53]Die Arbeit von Kugler und Heri bezieht sich auf die Schweiz.

Kointegration verlangen schließlich nur die Erfüllung gewisser Minimalforderungen bezüglich der Autokorrelationseigenschaften der Residuen einer geschätzten Gleichung. Ein Test, der in seinen Anforderungen spezifischer auf die Frage nach der Parameterstabilität zugeschnitten ist, dürfte daher eine größere Trennschärfe besitzen und müßte somit einem Kointegrationstest überlegen sein. Das Problem herkömmlicher Tests besteht allerdings in den oben schon angesprochenen unrealistischen Annahmen über die Verteilung ihrer jeweiligen Teststatistiken. Sehr beachtenswert ist jedoch der Grundgedanke von Kugler und Heri, eine Unterscheidung zwischen der Stabilität der Gleichgewichtsrelation und der Stabilität der "kurzfristigen Dynamik" zu treffen.

Die Maximum–Likelihood–Methode von Johansen bietet einen Rahmen, innerhalb dessen diese Unterscheidung exakt formuliert werden kann. Im folgenden soll daher ein Likelihood–Ratio–Test auf die Stabilität speziell der Kointegrationsparameter über zwei Teilzeiträume hinweg entwickelt werden.

Dazu sei der Untersuchungszeitraum in zwei Teilzeiträume aufgeteilt, von denen vermutet wird, daß beim Übergang vom einen zum anderen Zeitraum Strukturbrüche stattgefunden haben. Diese Strukturbrüche sollen jedoch annahmegemäß ausschließlich die kurzfristigen Anpassungsprozesse betreffen. Die langfristige Gleichgewichtsbeziehung sei unberührt geblieben. Um diese Vorstellungen in Aussagen über Modellparameter zu übersetzen, empfiehlt es sich, auf die Notation aus Kapitel 2 bzw. Kapitel 4 zurückzugreifen. Im folgenden sei zugelassen, daß sich alle Parameter in den Matrizen Γ, G und Ω in den beiden Teilzeiträumen unterscheiden, während die in der Matrix Λ enthaltenen Kointegrationsvektoren unverändert bleiben:

$$(6.11) \qquad \Delta x_t = -\Gamma_1 \Lambda' x_{t-1} + G_1 \Delta \overline{x_t} + \epsilon_{1t}, \qquad t = 1, 2, ..., T^{*};$$

$$(6.12) \qquad \Delta x_t = -\Gamma_2 \Lambda' x_{t-1} + G_2 \Delta \overline{x_t} + \epsilon_{2t}, \qquad t = T^{*}+1, ..., T.$$

Unter sinngemäßer Übernahme der Notation aus Kapitel 4 kann das Modell (6.11) – (6.12) sehr kompakt geschrieben werden als:

$$(6.13) \qquad \begin{bmatrix} \Delta X^{1'} \\ \Delta X^{2'} \end{bmatrix} = \begin{bmatrix} -\Gamma_1 \Lambda_1' & 0 \\ 0 & -\Gamma_2 \Lambda_2' \end{bmatrix} \begin{bmatrix} X^{1'}_{-1} \\ X^{2'}_{-1} \end{bmatrix} + \begin{bmatrix} G_1 & 0 \\ G_2 & 0 \end{bmatrix} \begin{bmatrix} \Delta X^{1'}_{-} \\ \Delta X^{2'}_{-} \end{bmatrix} + \begin{bmatrix} E^{1'} \\ E^{2'} \end{bmatrix}.$$

Die Superscripte "1" und "2" kennzeichnen den jeweiligen Teilzeitraum. Für vec E gelte die Verteilungsannahme

$$(6.14) \qquad \text{vec } E \sim N\left(0, \begin{bmatrix} \Omega_1 \otimes I & 0 \\ 0 & \Omega_2 \otimes I \end{bmatrix}\right).$$

Die einzige Beschränkung für dieses Modell lautet

$$(6.15) \qquad \Lambda_1 = \Lambda_2.$$

Zudem soll hier nur der Fall betrachtet werden, daß Λ ein Vektor ist, also nur eine Gleichgewichtsbeziehung besteht.

Betrachten wir zunächst die Situation bei Gültigkeit der Gegenhypothese $\lambda_1 \neq \lambda_2$. In diesem Fall liegen konstruktionsgemäß zwei im Grunde genommen unverbundene Stichproben vor, die sich lediglich um p–1 Perioden überschneiden. Die Schätzung der Parameter des ersten und des zweiten Teilzeitraums kann somit getrennt vorgenommen werden. Die ML–Schätzungen ergeben sich nach den in Kapitel 4 angegebenen Formeln, wobei die Momentenmatrizen noch jeweils mit [1] oder [2] indiziert werden müssen. Die maximierte Likelihood ist proportional zu:

$$(6.16) \qquad L_{\text{max}} = |\hat{\Omega}_1(\hat{\lambda}_1)|^{-T^*/2} |\hat{\Omega}_2(\hat{\lambda}_2)|^{-(T-T^*)/2}$$

$$= (1 - R_1^1)^{-T^*/2}(1 - R_1^2)^{-(T-T^*)/2},$$

worin R_1^1 und R_1^2 die jeweils größten Eigenwerte der Gleichung (4.26), bezogen auf die zwei Teilzeiträume, sind. Erheblich komplizierter ist die Situation, wenn $\lambda_1 = \lambda_2 = \lambda$ ist. Zwar können die Parameter G_i, Γ_i und Ω_i, $i = 1,2$, bei gegebenem λ wieder mit Hilfe der Formeln (4.14, 4.19 und 4.21) geschätzt werden, doch ist die Bestimmung von $\hat{\lambda}$ in diesem Fall schwieriger.

Wir wiederholen zunächst die Schritte (4.13)–(4.22) aus Kapitel 4. Hiernach ist die konzentrierte Likelihood proportional zu:

$$(6.17) \qquad |S_{00}^1 - S_{01}^1\lambda(\lambda'S_{11}^1\lambda)^{-1}\lambda'S_{10}^1|^{-t_1} \times |S_{00}^2 - S_{01}^2\lambda(\lambda'S_{11}^2\lambda)^{-1}\lambda'S_{10}^2|^{-t_2},$$

worin nun $t_1 = T^*/2$ und $t_2 = (T-T^*)/2$ gesetzt wurde.

Wiederum analog zu den entsprechenden Schritten aus Kapitel 4 kann dies vereinfacht werden zu:

$$(6.18) \qquad \ln L = \text{const.} - t_1(\ln\lambda' A\lambda - \ln\lambda' B\lambda) - t_2(\ln\lambda' C\lambda - \ln\lambda' D\lambda).$$

In (6.18) wurden die folgenden Abkürzungen verwendet:

$$A = S^1_{11}; \qquad\qquad B = S^1_{11} - S^1_{10}S^{1^{-1}}_{00}S^1_{01};$$
$$C = S^2_{11}; \qquad\qquad D = S^2_{11} - S^2_{10}S^{2^{-1}}_{00}S^2_{01}.$$

Differentiation nach λ ergibt:

$$(6.19) \quad \frac{\delta\ln L}{\delta\lambda} = - t_1\left(\frac{1}{\lambda' A\lambda}A - \frac{1}{\lambda' B\lambda}B\right)\lambda - t_2\left(\frac{1}{\lambda' C\lambda}C - \frac{1}{\lambda' D\lambda}D\right)\lambda = 0.$$

Für diese Gleichung existiert keine Lösung in geschlossener Form. Ein optimaler Vektor λ muß mit Hilfe eines iterativen Verfahrens oder mit einem Suchverfahren gefunden werden. Setzen wir einmal voraus, daß ein solcher Vektor gefunden wurde, so können Schätzungen für die übrigen Modellparameter wieder mit Hilfe der schon bekannten Formeln berechnet werden. Die maximierte Likelihood wird proportional zu

$$(6.20) \qquad L_{max} = |\hat{\Omega}_1(\hat{\lambda})|^{-T^*/2}|\hat{\Omega}_2(\hat{\lambda})|^{-(T-T^*)/2}.$$

(6.20) unterscheidet sich formal von (6.16) lediglich durch die fehlende Indizierung von λ. Damit kann nun aber ein Likelihood–Ratio–Test der Hypothese, daß der Kointegrationsvektor in beiden Teilzeiträumen gleich ist, durchgeführt werden. Für sämtliche anderen Modellparameter sind dabei keinerlei Restriktionen formuliert worden.

Als Teststatistik eignet sich minus zwei mal der Logarithmus des Likelihood–Verhältnisses:

$$(6.21) \qquad -2\ln Lr = T^*\ln|\hat{\Omega}_1(\hat{\lambda})| + (T-T^*)\ln|\hat{\Omega}_2(\hat{\lambda})|$$
$$- T^*\ln|\hat{\Omega}_1(\hat{\lambda}_1)| - (T-T^*)\ln|\hat{\Omega}_2(\hat{\lambda}_2)|.$$

Dieses Verhältnis ist asymptotisch χ^2–verteilt (vgl. Chow, 1983, Kap. 9). Die Zahl der Freiheitsgrade dieser χ^2–Variablen ist gleich der Anzahl der effektiv auferlegten Restriktionen. Da nur zwei Elemente von λ frei gewählt werden können (das dritte Element muß ja die gewählte Normierung erfüllen), ist sie im vorliegenden Fall gleich zwei.

Diese Methode wurde nun für die ML–Schätzung der Kointegrationsparameter angewandt. Der Schätzzeitraum wurde in zwei Teilzeiträume aufgeteilt, von denen der erste die Periode 1961:4 bis 1973:4 und der zweite die Periode 1974:1 bis 1987:4 umfaßt. Hierbei ergaben sich die folgenden Schätzungen für die Matrizen Λ_1 und Λ_2:

$$1961{:}4 - 1973{:}4 \qquad \hat{\Lambda}_1 = \begin{bmatrix} 2.61 & 14.53 & -1.59 \\ -5.10 & -13.92 & 1.54 \\ 0.30 & 0.34 & 0.078 \end{bmatrix}.$$

$$1974{:}1 - 1987{:}4 \qquad \hat{\Lambda}_2 = \begin{bmatrix} -1.43 & 10.62 & 0.44 \\ 2.69 & -14.00 & -2.50 \\ 0.18 & 0.09 & -0.012 \end{bmatrix}.$$

Aus diesen Schätzungen lassen sich die normierten Vektoren

$$\hat{\lambda}_1 = (1.0 \;\; -1.95 \;\; 0.11)'$$

und

$$\hat{\lambda}_2 = (1.0 \;\; -1.88 \;\; -0.12)'$$

berechnen. Mit Hilfe eines mehrstufigen Gittersuchverfahrens wurde nun ein Vektor gesucht, der die Likelihood unter der Restriktion $\lambda_1 = \lambda_2 = \lambda$ maximiert. Dieser Vektor ergab sich zu

$$\hat{\lambda} = (1.0 \;\; -1.28 \;\; 0.053)'.$$

Im unrestringierten Fall betrug das Maximum der logarithmierten Likelihood 466.16. Bei Auferlegung der Restriktion sank es auf 463.43. Die Teststatistik nimmt den Wert 5.46 an ($= -2 \cdot (463.43 - 466.16)$). Akzeptiert man die asymptotische χ^2–Approximation an die Verteilung des Likelihood-Verhältnisses, so wird die Hypothese der Stabilität der langfristigen Geldnachfragefunktion auf dem 5%–Niveau somit nicht abgelehnt, da der kritische Wert der χ^2–Wert 5.99 beträgt ($\chi^2(2)_{0,95} = 5.99$).

Der Aufbau dieses Tests macht allerdings deutlich, daß zu seiner Durchführung entweder sehr lange Zeiträume benötigt werden oder aber Vortests durchgeführt werden müssen, die es erlauben, viele Parameter a priori gleich Null zu setzen. Selbst bei den hier zur Verfügung stehenden insgesamt 105 Beobachtungswerten für jede Variable müssen die Schätzungen für die Teilzeiträume wohl noch als recht unzuverlässig angesehen werden.

Die Stabilität der langfristigen Geldnachfragefunktion ist prinzipiell schwieriger nachzuweisen als die Stabilität der kurzfristigen Funktion, da ihre Existenz sich überhaupt nur über Zeiträume von Jahren hinweg bemerkbar macht.

Eher überraschend angesichts der langen Diskussion in Fachzeitschriften ist die Tatsache, daß die hier geschätzte kurzfristige Funktion insgesamt wenig Hinweise auf Instabilitäten gibt. Es scheint, daß die Gleichung (6.8) ein recht verläßlicher Baustein eines Modells wäre, mit dem der Zusammenhang zwischen umlaufender Geldmenge, Bruttosozialprodukt, Zinssatz und Inflationsrate analysiert werden kann. Erstreckt sich der Analysezeitraum über mehrere Jahre, sollte hingegen die Kointegrationsbeziehung in den Vordergrund gestellt werden. Hier spricht einiges dafür, die mit Hilfe der NLS–Methode und der ML–Methode ermittelte höhere Semizinselastizität zu verwenden.

5. Einige grundsätzliche Bemerkungen zum Testproblem

Nachdem im vorangehenden Kapitel einige Testverfahren und in diesem Kapitel viele Testergebnisse vorgestellt worden sind, erscheinen einige grundsätzliche Schlußfolgerungen zum Problem des Testens auf Kointegration angebracht. Diese Bemerkungen beziehen sich auf drei verschiedene, jedoch zusammenhängende Probleme.

a) Die Wahl der Nullhypothese. Allen hier vorgestellten Tests ist gemeinsam, daß als Nullhypothese die Annahme der Nichtkointegration fungiert. Dies gilt auch für den LR–Test, da die Nullhypothese dort lautet, daß höchstens r Kointegrations-restriktionen vorliegen. Kann diese Hypothese z.B. bei r = 2 nicht abgelehnt werden, so wird man immer noch nicht wissen, ob kein, einer oder genau zwei Kointegrationsvektoren existieren. Aus diesem Grund ist man gezwungen, sequentiell zu testen, ob null, eine oder mehrere Restriktionen gelten. Die Wahl der Nullhypothese wird in der Ökonometrie oft (in der Regel) nach keinem tieferliegenden Prinzip als dem der einfachen Parametrisierbarkeit bestimmt. Damit zusammen hängt die Möglichkeit, die Verteilung der Teststatistik auf möglichst einfache und allgemeingültige Weise berechnen zu können. Dieses Prinzip ist auch maßgeblich für die "unit—root"—Tests. Die Hypothese, daß ein bestimmter Parameter gleich Eins ist (die größte Wurzel des autoregressiven Operators von z_t) klingt wie eine einfache Hypothese, obwohl sie in Wahrheit zusammengesetzt ist (aus allen Hypothesen nämlich, bei denen die größte Wurzel gleich Eins ist und die übrigen Wurzeln beliebig sind). Die Hypothese, daß z_t stationär ist, klingt hingegen von vornherein zusammengesetzt. Hier bietet sich kein griffiger Ansatzpunkt an, um für einige charakteristische Situationen die Verteilung von Teststatistiken herzuleiten. Die Verteilung von DW für den Fall zu berechnen, daß $\rho = 0.8$ ist, klingt erheblich willkürlicher als für $\rho = 0$ oder $\rho = 1$. Im Falle des LR—Tests scheitert die präzisere Formulierung der Nullhypothese ("der Rang von A(1) ist genau gleich r") daran, daß die Teststatistik auf der Summe der n—r kleinsten Eigenwerte beruht. Diese streben bei Gültigkeit der Nullhypothese gegen Null, aber auch, wenn der Rang von A(1) kleiner als r ist. Die asymptotische Verteilung der Teststatistik ist in beiden Fällen gleich, so daß eine Präzisierung der Nullhypothese illusorisch wäre. Die Wahl der Nullhypothese ist jedoch entscheidend für das Ergebnis eines Tests. Die Ablehnung der Nullhypothese bedeutet nicht die Wahrheit der Gegenhypothese und die Nichtablehnung der Nullhypothese ist nicht gleichbedeutend mit ihrem Zutreffen in der Realität. Die Daten enthalten unter Umständen lediglich nicht genügend Informationen, um sie zuversichtlich ablehnen zu können. Bei dem vorliegenden Problem würde es dem Wunsch vieler Ökonomen sicherlich eher entsprechen, die Hypothese der Kointegration direkt testen zu können. Diese Ansicht vertritt auch Engle, wenn er sagt: "The null hypothesis of cointegration would be far more useful in empirical research than the natural null of non—cointegration" (1987, S. 26).[54] Da dies jedoch gegenwärtig nicht möglich ist, wird man unter Umständen Testergebnisse, die Nichtkointegration nicht

---

[54]Engle fährt fort: "The selection of a 5%- test of the non- cointegration null is very arbitrary and many researchers are assuming cointegration when these tests are only rejected at larger significance levels" (ebenda).

zurückweisen, nicht in jedem Fall als endgültiges Verdikt akzeptieren wollen.

b) Kointegrationstests sind Vortests. Abgesehen von der Tatsache, daß mit dem gegenwärtig üblichen Vorgehen die weniger interessante Hypothese getestet wird, ist dieses Vorgehen auch schätztheoretisch fragwürdig. Besonders im zweistufigen Granger–Engle–Verfahren dienen Tests auf Kointegration als sogenannte Vortests. Das weitere Schätzprozedere wird von dem Ausgang des Tests abhängig gemacht. Damit handelt es sich bei diesem Schätzer um einen "pre–test-estimator". Da die Verteilung solcher Schätzer nicht losgelöst von der Verteilung der mit ihnen verbundenen Teststatistiken betrachtet werden kann, existieren in der Literatur bisher wenig sichere Aussagen über ihre Eigenschaften.[55] Ein interessantes Spezialproblem wurde von Fomby und Guilkey (1978) untersucht. Diese Autoren gingen mit einer Monte–Carlo–Studie der Frage nach dem optimalen Signifikanzniveau des Durbin–Watson–Tests nach, wenn das Ergebnis dieses Tests für die endgültige Spezifikation eines Modells maßgeblich war (in Abhängigkeit vom Testergebnis wurde eine Autokorrelationsbereinigung entweder durchgeführt oder nicht durchgeführt). Als Kriterium verwandten sie den Mittleren Quadrierten Fehler der Parameterschätzung. Natürlich hängt das optimale Signifikanzniveau von dem zugrundeliegenden datenerzeugenden Prozeß ab und generelle Aussagen sind hier kaum möglich. Fomby und Guilkey kamen jedoch immerhin zu der Empfehlung, daß ein Signifikanzniveau von 50% wahrscheinlich den konventionellen 1%– oder 5%–Niveaus überlegen ist. Ähnliche Studien wären auch für das Problem der Kointegrationstests hilfreich und würden möglicherweise zu ähnlichen Empfehlungen führen.

c) Die Verteilung der Teststatistik ist unbekannt. Die bisher in der Literatur veröffentlichten kritischen Werte verschiedener Teststatistiken sind bestenfalls grobe Anhaltspunkte. Schwert (1987) hat zum Beispiel gezeigt, daß man die kritischen Werte des DF–Tests bis auf über 20 (!) korrigieren muß, wenn der datenerzeugende Prozeß eine bedeutsame movingaverage–Komponente enthält. Dies liegt daran, daß ein Prozeß der Art

---

[55]Im Grunde genommen sind alle in der praktischen Ökonometrie verwendeten Schätzer pre- test- estimators, da die endgültige Spezifikation einer Gleichung praktisch immer von vorherigen t- Tests, Tests auf Autokorrelation und anderen Spezifikationstests abhängig gemacht wird.

$$x_t = x_{t-1} + \epsilon_t - 0.8\epsilon_{t-1}$$

zwar nichtstationär ist, aber stationär "aussieht".[56]

Die hier angesprochenen Probleme sind zum großen Teil nicht auf das Gebiet der Kointegrationstests beschränkt. Es ist jedoch häufig der Fall, daß alte Probleme, wenn sie in neuem Licht erscheinen, auch zu neuen Lösungsideen führen. In diesem Sinne wäre zu hoffen, daß Kointegrationstests einen Ausgangspunkt bilden, um die gesamte ökonometrische Testpraxis einmal zu überdenken.

---

[56]Stock (1987) hat einen interessanten Vorschlag gemacht, wie das Problem der Berechnung der Verteilung einer Teststatistik für Kointegrationsparameter in zwei Stufen zerlegt werden kann. Dadurch wird eine bedeutende Verringerung des Rechenaufwandes erreicht.

Kapitel 7 Ein Simulationsexperiment zur Untersuchung der Prognosegüte von Fehlerkorrekturmodellen

In den bisherigen Ausführungen ist deutlich geworden, daß die Konstruktion von Modellen mit kointegrierten Variablen eine Reihe von Problemen aufwirft, deren Lösung mit Hilfe klassischer Testverfahren nicht immer befriedigend ist. Sims, Stock und Watson (1986) haben beobachtet, daß die Schätzung einer unrestringierten Vektorautoregression das Testproblem umgehen hilft. Kointegration stellt formal schließlich nichts anderes dar als eine bestimmte Menge von Restriktionen bezüglich der Parameter einer Vektorautoregression. Anstatt diese Restriktionen dem Modell aufzuerlegen, kann man das Modell frei schätzen und eventuelle Kointegrationsbeziehungen in den geschätzten Parametern zum Ausdruck kommen lassen. Der offensichtliche Einwand gegen diese Strategie besteht darin, daß möglicherweise vorhandenes a–priori–Wissen nicht berücksichtigt wird und man aufgrund dieser Nichtberücksichtigung zu weniger effizienten Parameterschätzungen gelangt. Gegen diesen Einwand ist abzuwägen, daß das a–priori–Wissen oft mit großer Unsicherheit behaftet ist, also gar kein Wissen, sondern lediglich eine Vermutung darstellt. Eine Überprüfung durch statistische Tests führt in vielen Fällen ebenfalls zu keiner eindeutigen Klärung. Engle und Yoo haben in einem kleinen Simulationsexperiment die Frage untersucht, welche Auswirkungen die Berücksichtigung bzw. Nichtberücksichtigung der Kointegrationsrestriktionen für die Prognosequalität eines Modells hat (Engle u. Yoo, 1987). Für dieses Experiment gaben sie das folgende Modell vor:[57]

$$\Delta x_t = -0.4(x_{t-1} - 2y_{t-1}) + \epsilon_{1t},$$

(7.1)

$$\Delta y_t = 0.1(x_{t-1} - 2y_{t-1}) + \epsilon_{2t},$$

$$E\epsilon_{it} = 0, \quad \operatorname{var}(\epsilon_{it}) = 100,$$
$$\operatorname{cov}(\epsilon_{it}, \epsilon_{jt^*}) = 0, \quad i, j = 1, 2; \quad t \neq t^* \qquad x_0 = 0, \ y_0 = 0.$$

Die Gleichgewichtsbeziehung ist also $x = 2y$. In einhundert Replikationen mit simulierten Daten schätzten sie das Modell sowohl mit dem zweistufigen

---

[57]Da in diesem Kapitel durchgehend nur zwei Variablen betrachtet werden, wird hier wieder auf die übliche Bezeichnung mit x und y zurückgegriffen.

Granger–Engle–Verfahren als auch einstufig in der autoregressiven Form mit Niveauwerten:

$$x_t = 0.6x_{t-1} + 0.8y_{t-1} + \epsilon_{1t},$$

(7.2)

$$y_t = 0.1x_{t-1} + 0.8y_{t-1} + \epsilon_{2t}.$$

Mit Hilfe der geschätzten Modelle berechneten sie Prognosen für 20 Perioden. Als Maß für die Güte dieser Prognosen verwandten sie die Summe der mittleren quadrierten Prognosefehler (MSE) von x und y. Ihr wesentliches Ergebnis ist, daß die vektorautoregressive Form zwar gewisse kleine Vorteile in der kurzfristigen Prognose besitzt, jedoch nach etwa drei bis vier Perioden von dem Fehlerkorrekturmodell überholt wird. Je länger der Prognosehorizont wird, desto größer wird die Überlegenheit des Fehlerkorrekturmodells. Engle und Yoo vermuten weiter, daß sich diese Überlegenheit erst recht gegenüber einer Vektorautoregression in Differenzenform herausstellen würde, die ja von vornherein fehlspezifiziert wäre.[58]

In gewissem Sinne bestätigen diese Ergebnisse eine Vermutung, die intuitiv naheliegt: Die Berücksichtigung zutreffender Restriktionen führt im Durchschnitt zu besseren Ergebnissen. Das schlechtere Abschneiden des Fehlerkorrekturmodells in kurzen Prognosezeiträumen ist eventuell auf einen gewissen Effizienzverlust zurückzuführen, der durch die Zweistufigkeit des verwendeten Schätzverfahrens verursacht wird.

Bei näherer Betrachtung stellt sich allerdings heraus, daß die Ergebnisse durchaus eine weitergehende Analyse verdienen. Definiert man die Gleichgewichtsabweichung $z_t = x_t - 2y_t$, so läßt sich aus dem System (7.2) leicht berechnen:

$$z_t = 0.4z_{t-1} + \eta_t; \qquad \eta_t = \epsilon_{1t} - 2\epsilon_{2t}.$$

Das Störglied dieser Gleichgewichtsbeziehung folgt also einem autoregressiven Prozeß erster Ordnung mit Parameter $\rho = 0.4$. Dieser Parameter liegt in einem

---

[58]"One could also compare these results with estimates which are obviously misspecified such as least squares on differences ... . The finding that such methods provided inferior forecasts would hardly be surprising." (Engle und Yoo, 1987, S. 151f.).

Bereich, in dem die Variablen als "stark" kointegriert angesehen werden müssen, da jedes der einfachen Testverfahren die Kointegration mit hoher Wahrscheinlichkeit aufdecken würde. Zu fragen ist, ob die oben gezeigten Ergebnisse im Prinzip auch dann noch gültig sind, wenn die Kointegration weniger ausgeprägt ist und nicht auch schon "mit dem bloßen Auge erkennbar" wäre.

Ferner haben Engle und Yoo lediglich gezeigt, daß es dann sinnvoll ist, Kointegration vorauszusetzen, wenn sie tatsächlich vorliegt. Da man dies in der Realität jedoch selten mit Gewißheit voraussetzen kann, müssen die Erträge im Fall des Vorliegens von Kointegration (geringerer Prognose–MSE) gegen die Kosten abgewogen werden, die entstehen, wenn Kointegration auferlegt wird, in Wahrheit aber nicht vorliegt. Im letzteren Fall wäre eine Vektorautoregression in Differenzenform natürlich auch korrekt spezifiziert und deshalb sollte diese Modellform in den Vergleich mit einbezogen werden.

Um diesen und weiteren Fragen nachzugehen, wurde ein umfangreiches Simulationsexperiment durchgeführt. Das Experiment wurde so konzipiert, daß es einerseits eine Vergleichbarkeit der Resultate mit den Engle–Yoo–Ergebnissen erlaubt, andererseits aber auch zur Beantwortung der angesprochenen Fragen beiträgt. Zusätzlich wurde untersucht, ob die Maximum–Likelihood–Methode im Hinblick auf die Prognoseeigenschaften eines Modells den anderen Verfahren gegenüber Vorteile aufweist. Im folgenden wird zunächst das Design des Experimentes beschrieben.

Analysiert wird das Modell:

$$\Delta x_t = g_{10} + g_{11}\Delta x_{t-1} + g_{12}\Delta y_{t-1} - \gamma(x_{t-1}-\varphi y_{t-1}) + \epsilon_{1t},$$

$$(7.3)$$

$$\Delta y_t = g_{20} + g_{21}\Delta x_{t-1} + g_{22}\Delta y_{t-1} - 0.2\cdot\gamma(x_{t-1}-\varphi y_{t-1}) + \epsilon_{2t}.$$

Der Fehlerkorrekturparameter γ ist ein Maß für die Stärke der Kointegration. Er variiert im Experiment zwischen 0.6 (starke Kointegration) und 0.0 (keine Kointegration) mit der Schrittweite 0.1. Die Fehlerkorrekturparameter in den beiden Gleichungen wurden jedoch nicht unabhängig variiert, γ_2 ist stets das 0.2–fache von γ_1. In der vektorautoregressiven Form lautet das Modell:

118

$$x_t = g_{10} + (1.0 + g_{11} - \gamma)x_{t-1} - g_{12}x_{t-2}$$
$$+ (g_{12} + \varphi\gamma)y_{t-1} - g_{12}y_{t-2} + \epsilon_{1t},$$

(7.4)

$$y_t = b_{20} + (g_{21} - 0.2\gamma)x_{t-1} - g_{21}x_{t-2}$$
$$+ (1.0 + a_{22} - 0.4\varphi\gamma)y_{t-1} - a_{22}y_{t-2} + \epsilon_{2t}.$$

Die Grundlage der Simulationsergebnisse bilden die folgenden Werte für die zu schätzenden Parameter:

$$g_{10} = 1.0 \qquad g_{20} = 0.5 \qquad g_{11} = 0.1 \qquad g_{12} = 0.5$$
$$g_{21} = 0.0 \qquad g_{22} = 0.1 \qquad \varphi = 2.0$$

Die langfristige Gleichgewichtsbeziehung ist also auch in diesem Modell gegeben durch $x = 2y$.

Das hier untersuchte Modell ist komplexer als das Engle–Yoo-Modell, da es mehr Dynamik und mehr Interdependenz zwischen den Variablen enthält. Ohne beanspruchen zu können, "realistisch" zu sein, wurde es doch mit einem kleinen Seitenblick auf reale Zeitreihen konstruiert. Man vergleiche dazu Abbildung 7.1, die eine Realisation von x und y zeigt.

<u>Abbildung 7.1: Eine Realisation von x und y</u>

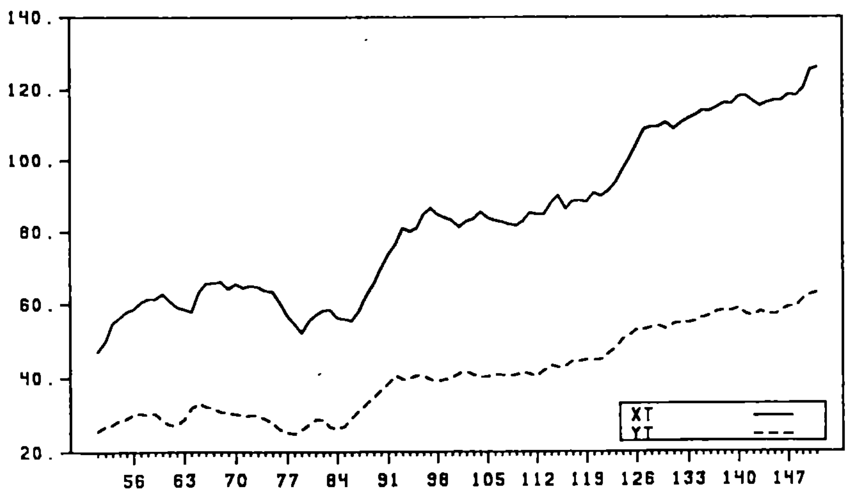

Das Modell (7.3) bzw. (7.4) kann nicht als Vektorautoregression in Differenzenform dargestellt werden, da sich die verzögerten Niveaugrößen nicht heraussubstituieren lassen (außer bei $\gamma = 0$). Dennoch wurde eine dritte, fehlspezifizierte, Modellform betrachtet:

$$\Delta x_t = \alpha_{10} + \alpha_{11}\Delta x_{t-1} + \alpha_{12}\Delta y_{t-1} + \eta_{1t}$$

(7.5)

$$\Delta y_t = \beta_{20} + \beta_{21}\Delta x_{t-1} + \beta_{22}\Delta y_{t-1} + \eta_{2t}.$$

Das Experiment wurde nun wie folgt durchgeführt: Für jeden Wert von γ wurden mit Hilfe eines Zufallszahlengenerators einhundertundneunzig Werte für ϵ_1 und ϵ_2 aus einer Normalverteilung mit Mittelwert Null und Varianz–Kovarianzmatrix I gezogen. Diese wurden benutzt, um aus dem Modell (7.3) einhundertundneunzig "Beobachtungen" für y und x zu erzeugen. Als Startwerte wurden $y_0 = x_0 = 0$ gesetzt. Die ersten 50 Beobachtungen wurden nicht berücksichtigt, um eine genügende "Aufwärmung" des Modells (Unabhängigkeit von den Startwerten) zu gewährleisten. Die Beobachtungen 51 bis 150 wurden zur Schätzung des Modells in den drei Formen "Fehlerkorrekturmodell" (FKM, zweistufiges Granger-Engle-Verfahren), "Vektorautoregression mit Niveauwerten" (VAR) und "Vektorautoregression mit Differenzen" (VARD) verwandt. Aus den so geschätzten Modellen wurden Prognosen für 40 weitere Perioden berechnet und die quadrierten Prognosefehler gebildet. Dieses Verfahren wurde zehntausend mal wiederholt. Als Gütemaß wurde die Summe der mittleren quadrierten Prognosefehler von x und y (MSE) berechnet. Die Ergebnisse sind in Tabelle 7.1 zusammengefaßt. Um den Vergleich zu erleichtern, sind in den Spalten 4–6 die Relationen der Prognosefehler der drei Modelltypen angegeben. Ein Blick auf die Spalten 1 und 2 bestätigt zunächst das Ergebnis von Engle und Yoo. Das FKM prognostiziert für mittlere und lange Zeiträume besser als die Niveauregression, wobei die Überlegenheit mit der Länge des Prognosehorizonts zunimmt. Prozentual wird die Überlegenheit mit abnehmendem γ geringer und auch die Länge des Horizontes, ab dem das FKM besser prognostiziert, wird größer. Bei $\gamma = 0.6$ ergeben sich schon ab einem Horizont von vier Perioden geringere Prognosefehler, während dies bei einem γ von 0.1 erst ab der dreizehnten Periode der Fall ist. Ganz überraschend kehrt sich dieser Trend jedoch wieder um, wenn γ gleich Null ist, also gar keine Kointegration vorliegt. In diesem Fall, in dem man am ehesten eine

Tabelle 7.1: Mittlere Quadrierte Prognosefehler

γ	Horizont	(1) FKM	(2) VAR	(3) VARD	(4) (2)/(1)	(5) (3)/(1)	(6) (3)/(2)
	1	2.18	2.04	2.56	0.94	1.17	1.25
	2	7.56	7.07	8.91	0.94	1.18	1.26
	3	16.73	16.47	18.69	0.98	1.12	1.13
0.6	4	29.01	29.54	31.12	1.02	1.07	1.05
	5	43.01	45.25	44.96	1.05	1.05	0.99
	10	115.03	141.03	117.46	1.23	1.02	0.83
	20	267.98	410.59	271.35	1.53	1.01	0.66
	40	653.51	1541.08	656.73	2.36	1.00	0.43
	1	2.21	2.06	2.44	0.93	1.10	1.25
	2	6.56	6.00	7.56	0.91	1.15	1.26
	3	13.13	12.42	14.86	0.95	1.13	1.20
0.4	4	22.28	21.68	24.52	0.97	1.10	1.13
	5	32.98	33.31	35.51	1.01	1.08	1.07
	10	99.46	119.05	102.17	1.20	1.03	0.86
	20	253.52	384.34	256.34	1.52	1.01	0.67
	40	632.55	1494.56	631.61	2.36	1.00	0.42
	1	2.22	2.07	2.30	0.93	1.04	1.25
	2	5.93	5.31	6.34	0.90	1.07	1.19
	3	10.62	9.50	11.48	0.89	1.08	1.21
0.2	4	16.84	15.11	18.15	0.90	1.08	1.20
	5	23.52	21.67	25.39	0.92	1.08	1.17
	10	72.87	79.40	76.91	1.09	1.06	0.97
	20	215.81	308.26	219.71	1.85	1.02	0.71
	40	585.58	1350.92	581.59	2.31	0.99	0.43
	1	2.20	2.08	2.18	0.95	0.99	1.05
	2	5.67	5.12	5.66	0.90	1.00	1.11
	3	9.76	8.67	9.77	0.89	1.00	1.13
0.1	4	14.79	13.01	14.87	0.88	1.01	1.14
	5	19.63	17.43	19.91	0.89	1.01	1.14
	10	54.48	54.21	56.36	1.00	1.03	1.04
	20	164.76	215.26	168.16	1.31	1.02	0.78
	40	507.79	1101.37	493.71	2.19	0.97	0.45
	1	2.10	2.08	1.99	0.99	0.95	1.25
	2	5.01	5.07	4.66	1.01	0.93	0.92
	3	8.35	8.49	7.50	1.02	0.90	0.88
0.0	4	12.03	12.40	10.61	1.03	0.88	0.86
	5	14.95	15.67	13.10	1.05	0.88	0.84
	10	33.19	38.54	27.63	1.16	0.83	0.72
	20	71.64	102.76	59.88	1.43	0.84	0.58
	40	165.41	351.56	140.26	2.13	0.85	0.40

Überlegenheit der Vektorautoregression erwarten würde, schneidet diese Modellform mit Abstand am schlechtesten ab. Selbst die Überlegenheit in der Kurzfristprognose geht hier praktisch verloren.

Ein Vergleich von Spalte 3 mit den Spalten 1 und 2 fördert weitere überraschende Ergebnisse zutage. Obwohl das Modell in Differenzenform als einziges der drei untersuchten Modelle fehlspezifiziert ist, schneidet es in der Prognose keineswegs am schlechtesten ab. Für die kurzen Prognosehorizonte macht sich die Fehlspezifikation zwar im Vergleich zum Niveauansatz in höheren Prognosefehlern bemerkbar, schon nach wenigen Perioden ergibt sich jedoch eine klare Überlegenheit. Wiederum hängt das Eintreten des Überholpunktes von der Größe des Parameters γ ab. Die Entwicklung der Prognosefehler insgesamt ist vom Verlauf her mit derjenigen des FKM vergleichbar. Bei relativ großen γ liegt das Differenzenmodell durchweg schlechter. Je kleiner γ oder je länger der Prognosehorizont wird, desto geringer wird allerdings der Unterschied. Liegt keine Kointegration vor ($\gamma = 0.0$), so ist das Differenzenmodell beiden anderen Modellformen bei jedem Prognosehorizont überlegen.

Die folgenden Abschnitte versuchen, diese Ergebnisse zu interpretieren und gegebenenfalls verwertbare Schlüsse aus ihnen zu ziehen.

1. Zunächst ist es offensichtlich, daß für mittlere bis lange Prognosehorizonte nicht so sehr die Frage entscheidend ist, ob das Modell korrekt spezifiziert ist oder nicht, entscheidend ist vielmehr, ob es in Differenzenform oder in Niveauform geschätzt wird. Sowohl das FKM als auch das Modell VARD werden ja in Differenzenform geschätzt und beide weisen über längere Zeiträume erheblich geringere mittlere Prognosefehler auf als das VAR–Modell. Die Bildung von Differenzen impliziert jedoch die Restriktion einer Einheitswurzel in der autoregressiven Darstellung einer Zeitreihe. Wie von Fuller (1976) im univariaten Fall zum ersten Mal gezeigt, wird eine solche Wurzel von der OLS–Methode unterschätzt. Diese Aussage überträgt sich auch auf den multivariaten Fall (vgl. Engle, 1987). Das Ausmaß und die Auswirkungen dieser Unterschätzung lassen sich an dem hier betrachteten Modell gut verdeutlichen.

Zunächst definieren wir das Modell (7.3) bzw. (7.4) neu, um es in eine Differenzengleichung erster Ordnung zu überführen (vgl. zum folgenden auch Chow, 1975, Kap. 1):

122

$$(7.6) \qquad w_t = b + Aw_{t-1} + \epsilon_t,$$

mit

$$w_t = \begin{bmatrix} y_t \\ x_t \\ y_{t-1} \\ x_{t-1} \end{bmatrix}, \qquad b = \begin{bmatrix} g_{10} \\ g_{20} \end{bmatrix} \qquad \epsilon_t = \begin{bmatrix} \epsilon_{1t} \\ \epsilon_{2t} \end{bmatrix}$$

$$A = \begin{bmatrix} 1 + g_{11} - \gamma & g_{12} + \varphi\gamma & -g_{11} & -g_{12} \\ g_{21} - 0.2\gamma & 1 + g_{22} - 0.4\varphi\gamma & -g_{21} & -g_{22} \\ 1 & 0 & 0 & 0 \\ 0 & 1 & 0 & 0 \end{bmatrix}$$

Werden auf beiden Seiten von (7.6) Erwartungswerte gebildet, ergibt sich die deterministische Differenzengleichung

$$(7.7) \qquad Ew_t = b + A\,Ew_{t-1}.$$

Als Lösung des Systems (7.7) erhält man:

$$(7.8) \qquad Ew_t = b + Ab + A^2b + ... + A^{t-1}b + A^t Ew_0.$$

worin A^2 für $A \cdot A$ steht (und analog für höhere Potenzen). Eine bessere Einsicht in die Art der Lösung ergibt sich, wenn die Matrix A geschrieben wird als

$$A = BD_\lambda B^{-1},$$

worin D_λ die Diagonalmatrix der Eigenwerte von A darstellt und B die Matrix der Eigenvektoren. Da gilt:

$$A^2 = (BD_\lambda B^{-1})(BD_\lambda B^{-1}) = BD_\lambda^2 B^{-1}$$

und entsprechend $A^t = BD_\lambda^t B^{-1}$, kann (7.8) umgeformt werden zu

$$(7.9) \qquad Ew_t = b + BD_\lambda B^{-1}b + BD_\lambda^2 B^{-1}b + ... + BD_\lambda^{t-1}B^{-1} + BD_\lambda^t B^{-1}Ew_0$$

$$= B(I + D_\lambda + D_\lambda^2 + ... + D_\lambda^{t-1})B^{-1}b + BD_\lambda^t B^{-1}Ew_0.$$

Gleichung (7.9) zeigt deutlich, daß die Lösung für Ew_t eine lineare Funktion der Potenzen der Eigenwerte von A ist. In dem hier betrachteten Modell ist der größte Eigenwert von A per Konstruktion gleich Eins. Um eine Vorstellung zu erhalten, wie dieser Eigenwert in der Schätzung zum Ausdruck kommt, wurden weitere 500 Stichproben erzeugt (bei einem γ von 0.5), die Matrix A aus dem Modell VAR gebildet und ihre Eigenwerte berechnet. Dabei stellte sich heraus, daß der Mittelwert des größten geschätzten Eigenwertes gleich 0.99 war. In der Schätzung tritt also wie vermutet ein kleiner, aber signifikanter Bias auf. Bedenkt man, daß $0.99^{40} \approx 0.67$ ist, so erkennt man, daß dieser Bias zu einer ganz erheblichen Unterschätzung in der längerfristigen Prognose führen kann.

2. Wie schon in Kapitel 4 dargestellt wurde, kann der von Stock vorgeschlagene nichtlineare Schätzer im obigen Modell aus der einstufigen OLS–Schätzung des Fehlerkorrekturmodells berechnet werden. Dieser Schätzer kann allerdings nur auf eine Gleichung des Modells (7.1)–(7.2) angewandt werden, wenn eine eindeutige Schätzung des Kointegrationsparameters gewünscht ist. Man beachte, daß die Schätzung beider Gleichungen nach der Stockschen Methode numerisch identisch mit der Schätzung des Modells im Niveauansatz wäre. Daraus folgt, daß die Prognoseeigenschaften eines mit dem NLS–Schätzer geschätzten Modells ebenfalls identisch sind mit denen des VAR–Modells.

3. Die Vermutung von Engle und Yoo, daß die Verwendung eines fehlspezifizierten Modells automatisch zu schlechteren Prognosen führen müsse, wird durch die obigen Ergebnisse nicht bestätigt. Insgesamt schneidet das Modell VARD deutlich besser ab als das Modell VAR. Im Vergleich zum Modell FKM lassen sich folgende Resultate festhalten: (1) Das FKM ist dem reinen Differenzenmodell bei starker bis mittlerer Kointegration und nicht zu langen Prognosehorizonten durchweg überlegen. Die Überlegenheit ist nicht dramatisch, bedeutet aber im Einzelfall einen um bis zu 18% geringeren MSE. Bei nur schwach ausgeprägter Kointegration ($\gamma = 0.1$) ist die Überlegenheit gering, bei $\gamma = 0.0$ (keine Kointegration) hat das Differenzenmodell klare Vorteile. (2) Je länger der Prognosehorizont wird, desto mehr holt das Differenzenmodell auf. Bei einem Horizont von 40 Perioden ist bei $\gamma > 0$ generell kaum ein Unterschied festzustellen. Dieses Ergebnis ist allerdings nicht verwunderlich, wenn man bedenkt, daß der Unterschied zwischen beiden Modellen in der Berücksichtigung bzw. Nichtberücksichtigung des Fehlerkorrekturterms liegt. Langfristige Prognosen werden jedoch zunehmend unabhängig von diesem Faktor. Für die

langfristige Prognose allein entscheidend ist die richtige Erfassung des Trends, die in beiden Modellen etwa gleich gut zu gelingen scheint.

4. Die folgende Tabelle gibt Aufschluß über die Größe der Kleinstichprobenverzerrung von $\hat{\varphi}$ in diesem Modell sowie über die durchschnittliche Höhe des Bestimmtheitsmaßes und der Durbin-Watson-Statistik in der Kointegrationsregression. Bedenkt man, daß der Kointegrationsparameter Auskunft über den langfristigen Zusammenhang zwischen Variablen gibt, eine Information, die wohl vornehmlich für Analyse— und Simulationszwecke von Interesse ist, so erscheint die vorhandene Verzerrung nicht bedeutsam. Sie ist jedoch verwandt mit der unter Punkt 1 beschriebenen Verzerrung der größten Wurzel der Matrix A. Auffallend ist der Sprung im Mittelwert von $\hat{\varphi}$ beim Übergang von $\gamma = 0.1$ zu 0.0. Das R^2 ist in allen Fällen sehr hoch, unabhängig von der Höhe von γ und auch dann, wenn keine Kointegration vorliegt. Dieses Ergebnis ist natürlich nur eine weitere Bestätigung der Existenz fälschlicher Regressionen und konnte erwartet werden.

<u>Tabelle 7.2: Ergebnisse der Kointegrationsregression</u>

gamma	$\overline{\hat{\varphi}}$	$\overline{DW}$	$\overline{R}^2$
0.6	1.9916	1.0365	0.987
0.4	1.9852	0.7762	0.984
0.2	1.9703	0.4905	0.976
0.1	1.9548	0.3446	0.965
0.0	2.5912	0.2295	0.971

5. Gewisse Besonderheiten der Ergebnisse in Tabelle 7.1 können allein auf das zur Schätzung des FKM verwandte Granger—Engle-Verfahren zurückzuführen sein. Es sollte daher geprüft werden, ob der Maximum—Likelihood—Schätzer die Nachteile des zweistufigen Verfahrens vermeidet. Dies ist in der Tat der Fall, wie Tabelle 7.3 belegt. Die Ergebnisse der Prognosen mit dem ML—geschätzten Modell beruhen aufgrund des großen Rechenaufwandes auf je 1000 Replikationen. Dieses Modell weist, solange tatsächlich Kointegration vorliegt, unabhängig von der Länge des Prognosehorizontes und der Größe von γ einen geringeren MSE als die übrigen Modelle auf. Die ML—Methode ist damit, wenn sie auf ein korrekt spezifiziertes Modell angewandt wird, den anderen Verfahren im Hinblick auf die Minimierung des Prognosfehlers überlegen. Ob diese Überlegenheit groß genug

Tabelle 7.3: MSE bei ML–Schätzung des Modells

γ	Horizont	(1) ML	(2) ML/FKM	(3) ML/VAR	(4) ML/VARD
0.6	1	2.03	0.93	1.00	0.79
	2	6.78	0.90	0.96	0.76
	3	15.92	0.95	0.97	0.85
	4	28.50	0.98	0.96	0.92
	5	43.65	1.01	0.96	0.97
	10	114.77	1.00	0.81	0.98
	20	263.89	0.98	0.64	0.97
	40	644.66	0.99	0.42	0.98
0.4	1	2.02	0.91	0.98	0.83
	2	5.74	0.88	0.96	0.76
	3	11.58	0.88	0.93	0.78
	4	19.72	0.89	0.91	0.80
	5	29.47	0.89	0.88	0.83
	10	93.38	0.94	0.78	0.92
	20	238.08	0.94	0.62	0.93
	40	612.83	0.97	0.41	0.97
0.2	1	2.05	0.92	0.99	0.89
	2	5.12	0.86	0.96	0.81
	3	9.01	0.85	0.95	0.78
	4	14.00	0.83	0.93	0.77
	5	19.35	0.82	0.89	0.76
	10	61.72	0.85	0.78	0.80
	20	195.41	0.91	0.63	0.89
	40	567.65	0.97	0.42	0.98
0.1	1	2.06	0.94	0.99	0.94
	2	5.10	0.90	1.00	0.90
	3	8.52	0.87	0.98	0.87
	4	12.59	0.85	0.97	0.85
	5	16.72	0.85	0.96	0.84
	10	45.31	0.83	0.84	0.80
	20	142.98	0.87	0.66	0.85
	40	470.66	0.93	0.43	0.95
0.0	1	2.07	0.99	1.00	1.04
	2	4.89	0.98	0.96	1.05
	3	8.02	0.96	0.94	1.07
	4	11.46	0.95	0.92	1.08
	5	14.19	0.95	0.91	1.08
	10	31.61	0.95	0.82	1.14
	20	71.87	1.00	0.70	1.20
	40	180.11	1.09	0.51	1.28

ist, um den mit ihr verbundenen größeren Rechenaufwand zu rechtfertigen, kann nach einer einzigen Studie dieser Art allerdings nicht entschieden werden.

6. Selbstverständlich stellt die Prognose nicht den einzigen, oft nicht einmal den Hauptzweck ökonometrischen Modellbaus dar. Ebenso wichtige Ziele bilden die Erklärung, Analyse und Überprüfung ökonomischer Zusammenhänge und die Simulation politischer Maßnahmen. Eine Berücksichtigung dieser Gesichtspunkte in einem umfassenderen Kriterienkatalog senkt nach Ansicht des Autors die Waagschale weiter zugunsten des Fehlerkorrekturmodells.

Kapitel 8 Schlußbemerkungen

In dieser Arbeit sind viele Fragestellungen und Probleme, die unter dem Stichwort Kointegration diskutiert werden könnten, offengeblieben oder gar nicht angesprochen worden. Der Verfasser hofft, daß die damit verbundene Beschränkung eine Beschränkung auf das Wesentliche war. Besonders bei Verwendung von Daten mit komplizierter Saisonstruktur entstehen jedoch Probleme, die sich nicht nahtlos in die hier vorgestellte Theorie einfügen. Hier besteht noch ein großer Bedarf an theoretischer und empirischer Forschung. Erste Vorstöße in diese Richtung wurden von Engle, Granger und Hallman (1989) unternommen. Hinweise zu denkbaren und bereits erfolgten Weiterentwicklungen des Kointegrationskonzeptes findet der interessierte Leser in den Überblicksaufsätzen von Granger (1986) und Engle (1987).

In den USA hat in den letzten Jahren eine lebhafte Diskussion über die Frage stattgefunden, ob das Bruttosozialprodukt wirklich eine I(1)–Variable ist oder doch eventuell stationär mit lediglich hohen positiven Autokorrelationskoeffizienten (siehe z. B. Stock und Watson, 1986; eine Übersicht gibt West, 1988). Die Relevanz dieser Diskussion liegt darin, daß alle Innovationen in einer I(1)–Variablen permanent sind, während sie bei I(0)–Variablen transitorischen Charakter haben. Damit sind jedoch wichtige Schlußfolgerungen über die relative Bedeutung monetärer und realer Faktoren in einer Konjunktur- und Wachstumstheorie verbunden. Die Auswirkungen monetärer "Schocks" werden gemeinhin als transitorisch angesehen, während sogenannte reale Schocks (Produktivitätsverbesserungen, Änderungen relativer Preise) eher als dauerhaft betrachtet werden. Wenn das Sozialprodukt also tatsächlich eine I(1)–Variable ist, bedeutet dies, daß dauerhafte und somit reale Faktoren seine Entwicklung und seine Varianz im wesentlichen beeinflussen, während monetäre Faktoren nur eine neben– oder untergeordnete Rolle spielen. Die rein monetär beherrschte Konjunkturtheorie der siebziger Jahre wäre damit wenig relevant und "real business cycles" a la Long und Plosser (1980) oder Kydland und Prescott (1982) wären das richtigere Thema makroökonomischer Forschung. Auf diese Implikationen der wirtschaftstheoretisch scheinbar neutralen Zeitreihenanalyse haben bereits Nelson und Plosser (1982) aufmerksam gemacht.

Die Diskussion um den Integrationsgrad des Bruttosozialprodukts sollte jedoch nicht zu einer Verwechslung von Modell und Realität führen. Es gibt zwei Probleme, die eine endgültige Entscheidung dieser und ähnlicher Fragen verhindern. Das eine Problem ist rein statistischer Natur: Ob eine Variable I(1) ist oder eine Wurzel von 0.95 hat, läßt sich aus einer Realisation mit hundert Beobachtungen ganz einfach nicht zuverlässig entscheiden. Das zweite Problem ist ontologischer Natur und wiegt schwerer: Die Frage, ob das Bruttosozialprodukt I(1) *ist* oder nicht, ist an sich schon sinnlos. Leicht vergißt man bei der Beschäftigung mit Zeitreihen, daß sie letztlich nichts anderes sind als Kreationen des menschlichen Geistes, Abstraktionen aus einer unendlich komplexen wirtschaftlichen Realität. Kein einfacher, aber auch kein komplexer stochastischer Prozeß "erzeugt" das Bruttosozialprodukt. Erzeugt wird es von den in einer Wirtschaft arbeitenden Menschen. Ein stochastischer Prozeß, ob einfach oder kompliziert, kann immer nur eine von mehreren möglichen, radikal vereinfachenden Beschreibungsweisen dieses Geschehens sein, ein Modell eben. Dieses Modell muß sich an der Wirklichkeit messen lassen. Die Wirklichkeit andererseits muß sich nicht an ihrem Modell messen lassen. Insofern sollte die wirtschaftstheoretische Interpretation zeitreihenanalytischer Ergebnisse der hier diskutierten Art stets mit Vorsicht betrieben werden.

Das Konzept der Kointegration läßt viele Merkwürdigkeiten und Ungereimtheiten, die in der angewandten Ökonometrie wiederholt auftreten, in einem neuen Licht erscheinen. Hierzu ist das oft deutliche Auseinanderklaffen der Parameterschätzungen aus Modellen in Niveauform und in Differenzenform zu zählen. Dieses Auseinanderklaffen erscheint nicht länger als ein Widerspruch. Die "kurzfristigen" und die "langfristigen" Modelle erfassen jeweils einen anderen Aspekt der Wirklichkeit. Sie sollten daher nicht als konkurrierende, sondern als komplementäre Erklärungen verstanden werden.

Der unterschiedliche Erklärungshorizont kann sogar dazu führen, daß die beiden Modelle verschiedene Sätze von erklärenden Variablen enthalten. Im Freiburger Modell (Lüdeke, Hummel u. Rüdel, 1989) wird das Bruttosozialprodukt mit Hilfe einer Produktionsfunktion in Niveauwerten geschätzt. Gleichzeitig existiert eine Gleichung in Differenzenform, in der die Wachstumsrate des Sozialprodukts mit Hilfe verschiedener Indikatoren der Nachfrageänderung erklärt wird. Die beiden Erklärungen sind miteinander durch einen Fehlerkorrekturterm verbunden, der dauerhafte Abweichungen von der Produktionsfunktion verhindert. Auf diese Weise werden "angebotsseitige" und "nachfrageseitige" Erklärungen der wirtschaftlichen Aktivität in *einem* Modell berücksichtigt.

Zu den angesprochenen Ungereimtheiten gehören ebenfalls viele auf den ersten Blick unverständliche Ergebnisse wie "falsche" Vorzeichen, Schätzwerte, die sich um eine ganze Zehnerpotenz von vermuteten Werten unterscheiden oder insignifikante Koeffizienten. Einige können darauf zurückzuführen sein, daß Variablen mit nicht zueinander passenden Integrationsgraden in einem Ansatz vereint wurden. Erklärung einer I(0)-Variablen durch eine I(1)-Variable *kann nicht* sinnvoll sein. Andere Ergebnisse können eventuell dadurch erklärt werden, daß unter den Regressoren kointegrierte Variablen sind. Dies führt zu einer extremen Form von Multikollinearität, da kointegrierte Variablen asymptotisch linear abhängig sind. Schließlich kann es natürlich auch sein, daß die Regressoren und die zu erklärende Variable nicht kointegriert sind. Dies ist der tückische Fall einer fälschlichen Regression, die aufgrund ihres hohen R^2 und der eventuell ebenfalls hohen t–Werte unter Umständen nicht leicht zu erkennen ist. Fälschliche Regressionen sind aber besonders anfällig für Änderungen des Schätzzeitraumes, so daß — neben Kointegrationstests — auch Tests auf Parameterstabilität bei ihrer Aufdeckung hilfreich sein können.

Die Theorie der Kointegration erklärt jedoch nicht nur viele "schlechte" Ergebnisse, sie erklärt auch einige "gute". Besonders hervorzuheben ist die Tatsache, daß statische Regressionen geeignete Instrumente zur Schätzung von Kointegrationsparametern sind und daß die OLS–Methode diese Parameter konsistent schätzt. Oft genug kommt es vor, daß ein ganz simpler Erklärungsansatz in Form einer statischen Regression den wesentlichen Zusammenhang zwischen zwei Variablen erklärt. Die hohe Autokorrelation der Residuen scheint die geschätzte Gleichung jedoch unter statistischen Gesichtspunkten wertlos zu machen. Wird andererseits die Gleichung so weit ergänzt, modifiziert und verfeinert, daß den statistischen Kriterien Genüge getan wird, so ist von dem einfachen Ausgangszusammenhang eventuell nicht mehr viel zu erkennen. Jetzt hingegen ist die theoretische Grundlage geschaffen (oder besser: "nachgeliefert") worden, die es erlaubt, auch Ergebnisse statischer Regressionen zu akzeptieren und sie sogar in ökonometrischen Simulationsmodellen zu verwenden. Solange lediglich eine Abschätzung mittel– bis langfristig gültiger Zusammenhänge angestrebt wird, ist dies unter Umständen sogar einer routinemäßigen Autokorrelations"bereinigung" vorzuziehen.

Ein Kennzeichen einer produktiven wissenschaftlichen Theorie ist es, daß sie nicht nur Phänomene erklärt, zu deren Erklärung sie speziell entwickelt wurde, sondern auch eine Vielzahl von Phänomenen, die zu ihrem ursprünglichen Anwendungsbereich zunächst in keiner erkennbaren Beziehung standen. Die Theorie der Kointegration zeichnet sich gerade dadurch aus, daß sie viele altbekannte, aber bisher zum Teil schlecht verstandene Tatsachen in neuer Weise erklärt. Dies macht sie zu einer produktiven Theorie, von der zu hoffen ist, daß in ihrem Rahmen noch eine Vielzahl neuer Erklärungsansätze enstehen wird.

Die Daten über das Bruttosozialprodukt und den Preisindex des Bruttosozialprodukts stammen vom Deutschen Institut für Wirtschaftsforschung, Berlin
(DIW): "Sozialprodukt und Einkommenskreislauf. Vierteljährliche Volkswirt-
schaftliche Gesamtrechnungen für die Bundesrepublik Deutschland", Berlin 1988.
Der Preisindex ist auf 1980 = 100 normiert.

Die Daten über die umlaufende Geldmenge M1 und den Zinssatz für Dreimonats-
geld am Frankfurter Geldmarkt sind der Zeitreihendatenbank der Deutschen
Bundesbank sowie laufenden Ausgaben des Monatsberichts der Deutschen
Bundesbank entnommen.

Die Saisonbereinigung erfolgte mit Hilfe der im IAS–System des Institute for
Advanced Studies, Wien, implementierten Version des CENSUS-X-11-Verfahrens.

Literaturverzeichnis

Anderson, T.W. (1984): "An Introduction to Multivariate Statistical Analysis"; 2. Aufl., New York u.a..

Assenmacher, W. (1984): "Einführung in die Ökonometrie"; 2. Aufl., München und Wien.

Banerjee, A., Dolado, J. J., Hendry, D. F. und Smith, G. W. (1986): "Exploring Equilibrium Relationships in Econometrics Through Static Models: Some Monte Carlo Evidence"; Oxford Bulletin of Economics and Statistics, Vol. 48, Nr. 3, S. 253 - 277.

Berndt, E. R. und Savin, N. E. (1977): "Conflict among Criteria for Testing Hypotheses in the Multivariate Linear Regression Model"; Econometrica, Vol. 45, No. 5, S. 1263- 1277.

Bordo, M. und Jonung, L. (1981): "The Long- Run Behaviour of the Income Velocity of Money in Five Advanced Countries 1879- 1975 - An Institutional Approach"; Economic Inquiry, Vol. 19, S. 96 - 116.

Box, G. E. P. und Jenkins, G. M. (1970): "Time Series Analysis, forecasting and control"; San Francisco u.a..

Brown, A. J. (1939): "Interest, Prices and the Demand for Idle Money"; Oxford Economic Papers, Vol. 2., S. 46- 69.

Buscher, H. S. (1984): "The Stability of West German Demand for Money, 1965- 1982"; Weltwirtschaftliches Archiv, Bd. 120, S. 256- 277.

Cagan, P. (1956): "The Monetary Dynamics of Hyperinflation"; in Friedman, M. (Hrsg.), Studies in the Quantity Theory of Money, Chicago.

Carmichael, J. und Stebbing, P. W. (1983): "Fisher's Paradox and the Theory of Interest"; American Economic Review, Vol. 73, Nr. 4, S. 619 - 630.

Chow, G. S. (1960): "Tests of Equality Between Sets of Coefficients in Two Linear Regressions"; Econometrica, Vol. 28, S. 591- 605.

__________________(1975): "Analysis and Control of Dynamic Economic Systems"; New York u.a..

__________________(1983): "Econometrics"; New York u.a..

Cooley, T. F. und Leroy, S. F. (1981): "Identification and Estimation of Money Demand"; American Economic Review, Vol. 71, Nr. 5, S. 825- 844.

Currie, D. (1981): "Some Long- Run Features of Dynamic Time- Series Models"; The Economic Journal, Vol. 363, S. 704- 715.

Davidson, J. E. H., Hendry, D. F., Srba, F. und Yeo, S. (1978): "Econometric Modelling of the Aggregate Time- Series Relationship between Consumer's Expenditure and Income in the United Kingdom"; The Economic Journal, Vol. 88, S. 661- 692.

Deutsche Bundesbank (1986): "Gesamtwirtschaftliches ökonometrisches Modell der Deutschen Bundesbank, Version 10/04/86"; Frankfurt am Main.

Dhrymes, P. J. (1974): "Econometrics. Statistical Foundations and Applications"; 2. Aufl., New York u.a..

______________(1978): "Mathematics for Econometrics"; New York u.a..

Dickey, D. A. und Fuller, W. A. (1979): "Distribution of the Estimators for Autoregressive Time Series with a Unit Root"; Journal of the American Statistical Association, Vol. 74, S. 427- 431.

Dickey, D. A. und Fuller, W. A. (1981): " Likelihood Ratio Statistics for Autoregressive Time Series with a Unit Root"; Econometrica, Vol. 49, Nr. 4, S. 1057- 1072.

Durbin, J. und Watson, G. (1950): "Testing Serial Correlation in Least Squares Regression, Part I"; Biometrica, Vol. 37, S. 409 - 428.

______________(1951): "Testing Serial Correlation in Least Squares Regression, Part II"; Biometrica, Vol. 38, S. 159 - 178.

Dutton, D. S. und Gramm, W. P. (1973): "Transaction Costs, the Wage Rate, and the Demand for Money"; American Economic Review, Vol. 63, S. 652 - 665.

Engle, R. F. (1987): "On the Theory of Cointegrated Economic Time Series"; Paper presented at the European Meeting of the Econometric Society in Copenhagen 1987.

______________und Granger, C. W. J. (1987): "Co- Integration and Error Correction: Representation, Estimation, and Testing"; Econometrica, Vol. 55, Nr. 2, S. 251- 276.

______________und Yoo, B. S. (1987): "Forecasting and Testing in Co- Integrated Systems"; Journal of Econometrics, Vol. 35, S. 143- 159.

______________, Granger, C. W. J. und Hallman, J. J. (1989): "Merging Short- and Long- Run Forecasts. An Application of Seasonal Cointegration to Monthly Electricity Sales Forecasting"; Journal of Econometrics, Vol. 40, S. 45 - 62.

Flavin, M. A. (1981): "The Adjustment of Consumption to Changing Expectations about Future Income"; Journal of Political Economy, Vol. 89, S. 974 - 1009.

Fomby, T. B. und Guilkey, D. K. (1978): "On Choosing the Optimal Level of Significance for the Durbin- Watson Test and the Bayesian Alternative"; Journal of Econometrics, Vol. 8, S. 203 - 214.

______________,Hill, R. C. und Johnson, S. R. (1984): "Advanced Econometric Methods"; New York u.a.

Friedman, M. (1956): "The Quantity Theory of Money, A Restatement"; in Friedman, M. (Hrsg.), Studies in the Quantity Theory of Money, Chicago.

______________(1957): "A Theory of the Consumption Function"; Princeton.

______________(1969): "Interest Rates and the Demand for Money"; in: ders., The Optimum Quantity of Money and Other Essays, Chicago, 1969, S. 141- 155.

________________und Schwartz, A. J. (1982): "Monetary Trends in the United States and the United Kingdom"; Chicago.

Frowen, S. F. und Arestis, P. (1976) : "Some Investigations of Demand and Supply Functions for Money in the Federal Republic of Germany, 1965- 1974"; Weltwirtschaftliches Archiv, Bd. 112, S. 136- 164.

Fuller, W. A. (1976): "Introduction to Statistical Time Series"; New York u.a..

Goldfeld, S. M. (1973): "The Demand for Money Revisited"; Brookings Papers on Economic Activity, Vol. 3, S. 577 - 638.

________________(1976): "The Case of the Missing Money"; Brookings Papers on Economic Activity, Nr 3, S. 683- 730.

Gordon, R. J. (1984): "The Short- Run Demand for Money: A Reconsideration"; Journal of Money, Credit and Banking, Vol. 16, Nr. 4, S 403- 434.

Granger, C. W. J. (1983): "Co- Integrated Variables and Error- Correcting Models"; University of California, San Diego, Discussion Paper 83- 13.

________________(1986): "Developments in the Study of Cointegrated Variables"; Oxford Bulletin of Economics and Statistics, Vol. 48, Nr. 3, S. 213- 228.

________________und Newbold, P. (1974): "Spurious Regressions in Econometrics"; Journal of Econometrics, Vol. 2, S. 111- 120.

________________und Weiss, A. A. (1983): " Time Series Analysis of Error- Correction Models"; University of California, San Diego, Discussion Paper 28- 82.

Griliches, Z. (1961): "A Note on Serial Correlation Bias in Estimates of Distributed Lags"; Econometrica, Vol. 29, S. 65- 73.

Hall, R. E. (1977): "Stochastic Implications of the Life Cycle- Permanent Income Hypotheses: Theory and Evidence"; Journal of Political Economy, Vol. 86, S. 971 - 987.

Hannan, E. J. (1970): "Multiple Time Series"; New York u.a..

Hansen, G. (1988a): "Cointegrierte Zeitreihen und Arbeitsmarktgleichgewicht"; Diskussionspapier, Kiel.

________________(1988b): "Analyse ökonomischer Gleichgewichte und cointegrierter Zeitreihen"; Allg. Statist. Archiv, Bd. 72, S. 337- 358

Heilemann, U. (1989): "Das RWI Konjunkturmodell"; Essen.

Hendry, D. F. (1983): "Econometric Modelling: The Consumption Function in Retrospect"; Scottish Journal of Political Economy, Vol. 30, S. 3- 33.

________________(1986): "Econometric Modelling with Cointegrated Variables: An Overview"; Oxford Bulletin of Economics and Statistics, Vol. 48, Nr. 3, S. 201- 212.

________________und Mizon, G. E. (1978): "Serial Correlation as a Convenient

Simplification, not a Nuisance: A Comment on a Study of the Demand for Money by the Bank of England", The Economic Journal, Vol. 88, S. 549- 563.

_______________und von Ungern- Sternberg, T. (1981): "Liquidity and Inflation Effects on Consumer's Expenditure"; in Deaton, A. S. (Hrsg.), Essays in the Theory and Measurement of Consumer's Behaviour, Cambridge, S. 237- 260.

_______________und Wallis, K. F. (1984): "Editor's Introduction"; in dieselb., Econometrics and Quantitative Economics, Oxford.

_______________Pagan, A. R. und Sargan, J. D. (1984): "Dynamic Specification"; Handbook of Econometrics, Vo. 2, Kap. 18, S. 1023 - 1100.

Hylleberg, S., Engle, R. E., Granger, C. W. J. und Yoo, B. S.(1988): "Seasonal Integration and Cointegration"; Discussion Paper, Nr. 88- 32, University of California, San Diego.

Jenkinson, T. J. (1986): "Testing Neo- Classical Theories of Labour Demand: An Application of Cointegration Techniques"; Oxford Bulletin of Economics and Statistics, Vol. 48, Nr. 3, S. 241 - 251.

Johansen, S. (1985): "The Mathematical Structure of Error Correction Models"; Mimeo., University of Copenhagen.

_______________(1987): "Statistical Analysis of Cointegration Vectors", Mimeo., University of Copenhagen.

Judd, J. und Scadding, J. (1982): "The Search for a Stable Money Demand Function: A Survey of the Post- 1973 Literature"; Journal of Economic Literature, Vol. 20, S. 993 - 1023.

Judge, G. G., Hill, R. C., Griffith, W. E., Lütkepohl, H. und Lee, T. C. (1984): "Introduction to the Theory and Practice of Econometrics"; 2. Aufl., New York u.a..

Kendall, M. G. und Stuart, A. (1977): "The Advanced Theory of Statistics"; Bd. 1, 4. Aufl., London .

Khusro, A. M. (1952): "An Investigation of Liquidity Preference"; Yorkshire Bulletin of Economic and Social Research, Vol. 4, S. 1- 20.

Klein, B. (1977): "The Demand for Quality Adjusted Cash Balances: Price Uncertainty in the U.S. Demand for Money Function, Journal of Political Economy, Vol. 85, S. 691 - 716.

Kugler, P. und Heri, E. W. (1987): "Kurzfristige Dynamik und langfristige Gleichgewichte. Das Beispiel der Geldnachfrage"; Referat beim 17. Wirtschaftswissenschaftlichen Seminar Ottobeuren.

Laidler, D. E. W. (1985): "The Demand for Money"; New York u.a. (3. Aufl.).

Leamer, E. E. (1983): "Let's Take the Con out of Econometrics"; American Economic Review, Vol. 73, Nr. 2, S. 31- 43.

Lucas, R. E. jr. (1976): "Econometric Policy Evaluation: A Critique"; in Brunner, K. und Meltzer, A. H. (Hrsg.), The Phillips Curve and Labor Markets, (Carnegie - Rochester Conference Series on Public Policy), Amsterdam, S. 19 - 46.

Lüdeke, D., Friedrich, D., Hummel, W., v. Natzmer, W., Röger, W., Termin, J. (1984): "Freiburger and Tübinger Quarterly Econometric Model for the Federal Republic of Germany: an Overview"; Economic Modelling, Vol. 1, Nr. 2, S. 139- 232.

Lüdeke, D., Hummel, W. und Rüdel, T. (1989): "Das Freiburger Modell"; erscheint demnächst.

Meltzer, A. H. (1963): "The Demand for Money: The Evidence from the Time Series"; Journal of Political Economy, Vol. 71, S. 219 - 246.

Nelson, C. R. und Plosser, C. I. (1982): "Trends and Random Walks in Macroeconomic Time Series"; Journal of Monetary Economics, Vol. 10, S. 139- 162.

Nerlove, M., Grether, D. M. und Carvalho, J. L. (1979): "Analysis of Economic Time Series"; New York, San Francisco, London.

Nickell, S. (1985): "Error Correction, Partial Adjustment and All That: An Expository Note"; Oxford Bulletin of Economics and Statistics, Vol. 47, Nr. 2, S. 119- 129.

Phillips, A. W. (1954): "Stabilisation Policy in the Closed Economy"; The Economic Journal, Vol. 64, S. 290 - 323.

Phillips, P. C. B. (1986): "Understanding Spurious Regressions in Econometrics"; Journal of Econometrics, Vol. 33, S. 311- 340.

_______________(1987): "Time Series Regression with a Unit Root"; Econometrica, Vol. 55, Nr. 2, S. 277- 301.

_______________und Durlauf, S. N. (1986): "Multiple Time Series Regression with Integrated Processes"; Review of Economic Studies, Vol. 52, S. 473- 495.

Plosser, Ch. I., und Schwert, G. W. (1977): "Estimation of a Non- invertible Moving Average Process: The Case of Overdifferencing", Journal of Econometrics, Vol. 6, S. 199- 224.

_______________(1978): "Money, Income, and Sunspots: Measuring Economic Relationships and the Effects of Differencing," Journal of Monetary Economics, Vol. 4, S. 637- 660.

_______________und White, H. (1982): Differencing as a Test of Specification", International Economic Review, Vol. 23,. No. 3, S. 535- 552.

Pollard, D. (1984): "Convergence of Stochastic Processes"; New York u.a..

Salmon, M. (1982): "Error Correction Mechanisms"; The Economic Journal, Vol. 92, S. 615 - 629.

Sargan, J. D. (1964): "Wages and Prices in the United Kingdom: A Study in Econometric Methodology"; in P. E. Hart u. a. (Hrsg.), Econometric Analysis for National Economic Planning, London, S. 25- 63.

_______________und Bhargava, A. (1983): "Testing Residuals from Least Squares Regression for Being Generated by the Gaussian Random Walk"; Econometrica, Vol. 51, Nr. 1, S. 153 - 174.

Sargent, T. J. (1976): "A Classical Macroeconomic Model for the United States"; Journal of Political Economy, Vol. 84, No. 2, S. 207- 238.

________________(1979): "Macroeconomic Theory"; New York.

________________(1987): "Dynamic Macroeconomic Theory"; Harvard.

Schwert, G. W. (1987): "Effects of Model Specification on Tests for Unit Roots in Macroeconomic Data"; Journal of Monetary Economics, Vol. 20, S. 73 - 103.

Sims, C. A. (1980): "Macroeconomics and Reality"; Econometrica, Vol. 48, Nr. 1, S. 1 - 48.

________________, Stock, J. H. und Watson, M. W. (1986): "Inference in Linear Time Series Models with Unit Roots"; University of Minnesota Manuskript, Minneapolis.

Stock, J. H. (1987): "Asymptotic Properties of Least Squares Estimators of Cointegrating Vectors"; Econometrica, Vol. 55, S. 1035 - 1056..

________________und Watson, M. W. (1986): Does GNP have a Unit Root?" Economic Letters, Vol. 22, S. 147 - 151.

________________und Watson, M. W. (1987): "Testing For Common Trends"; Harvard Institute for Economic Research Discussion Paper Nr. 1222.

Tobin, J. (1947): "Liquidity Preference and Monetary Policy"; Review of Economics and Statistics, Vol. 29, S 124- 131.

Treadway, A. (1971): "The Rational Multivariate Flexible Accelerator", Econometrica, Vol. 39, S. 845- 855.

West, K. (1988): "On the Interpretation of Near Random- Walk Behavior in GNP"; American Economic Review, Vol. 78, Nr. 1, S. 202 - 209.

Zurmühl, R. (1964): "Matrizen"; 4. Auflage, Berlin.